ちくま学芸文庫

米と小麦の戦後史

日本の食はなぜ変わったのか

高嶋光雪

筑摩書房

戦争は終わったが食糧難は続いた。アメリカからの小麦援助は，飢餓状態の日本に旱天の慈雨であった。

写真上：国民学校の始業式にパンの給食（1946 年，共同通信社提供）

左：厚木に降り立ったマッカーサー（1945 年，毎日新聞社／時事通信フォト提供）

朝鮮戦争が休戦になると，アメリカ小麦も余剰傾向となり，新たな市場開拓に積極的に取り組み始めた。バスに台所を備え付けたキッチンカーが全国をめぐった。

写真上：山村にも小麦用の粉食料理を広めたキッチンカー（日本食生活協会提供）

左：日米 MSA 協定の調印を終え握手を交わす岡崎外相とアリソン駐日大使（1954 年，共同通信社提供）

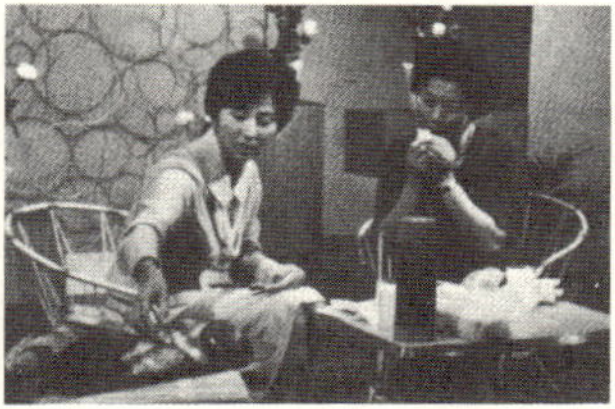

食糧難にはピリオドが打たれてからも，アメリカ小麦は日本を手放さなかった。パン給食は全国に広まり，テレビも給食普及宣伝に動員された。

写真上：パン給食が始まり，笑顔でパンをほおばる学童たち（1950年，朝日新聞社／時事通信フォト提供）

左：テレビ番組『家庭でできる小麦料理』（1961年ごろ，アメリカ小麦連合会提供）

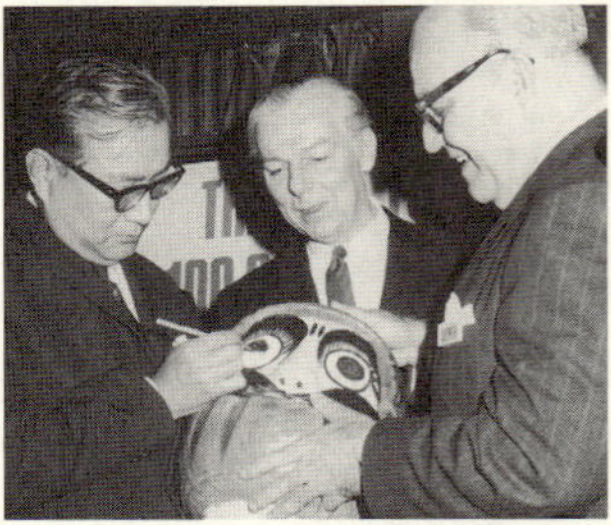

日本が初めて減反を経験した1970年，アメリカの小麦生産者は遂に1億ブッシェル（272万トン）の対日輸出の野望を達成した。米は主食の座を脅かされて……。

写真上：日本市場開拓の主役・アメリカ小麦連合会“10周年記念”パーティー（1966年，アメリカ小麦連合会提供）左からアメリカ西部小麦連合会駐日代表ハッチンソン，同会長バウム

中：アメリカ小麦“対日輸出1億ブッシェル達成”パーティー（1971年，アメリカ小麦連合会提供）左から内村良英食糧庁次長，マイヤー駐日大使，アメリカ農務省輸出促進局長パルバルマッカー

左：減反に抗議する農民デモ（家の光協会提供）

目次

米と小麦の戦後史——日本の食はなぜ変わったのか

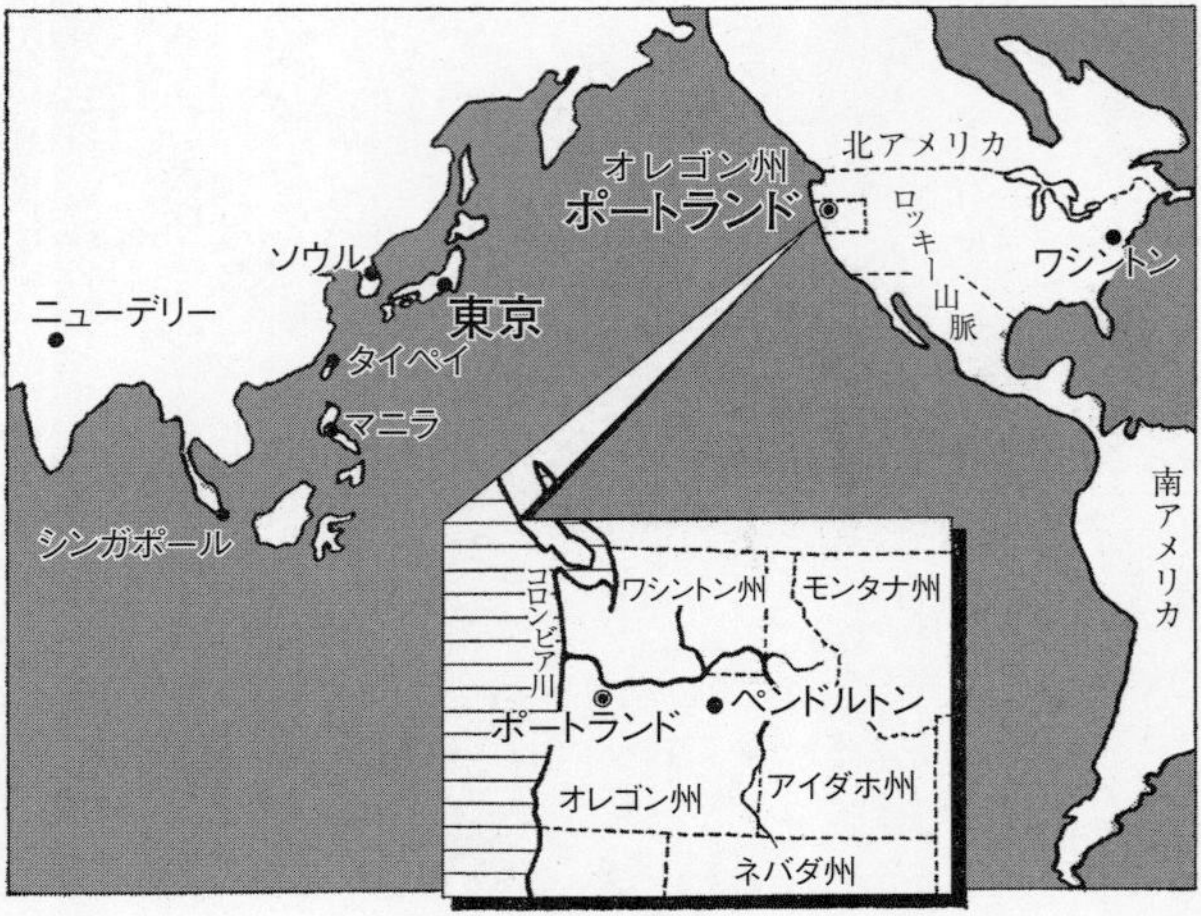

北アメリカ
オレゴン州
ポートランド
ロッキー山脈
ワシントン
ソウル
東京
ニューデリー
タイペイ
マニラ
シンガポール
南アメリカ
ワシントン州
モンタナ州
コロンビア川
ペンドルトン
ポートランド
オレゴン州
アイダホ州
ネバダ州

日本人の胃袋を変えた男たち

美智子妃お手植えのバラ

「ミラーズ・ドーターのミチコさんをご存知でしょう」

アメリカ西海岸の町でだしぬけに問われた私たちはまごついた。ミラー（製粉業者）のドーター（令嬢）である美智子さんとは、考えてみればほかならぬ美智子妃殿下のことである。

「わが町のバラ公園に行けば、彼女が植えられたバラがありますよ。市長の執務室には、博多人形と並んで、美智子妃の写真が飾ってあるはずです」

オレゴン州最大の港湾都市ポートランドの町に入ってまず最初に訪ねた商工会議所で、親日家を自称する事務局長のS氏が口早やにまくしたてた。

ポートランドは人口四〇万。日本向け穀物貿易の基地で、札幌市とは姉妹都市の関係もある。「市の花」をバラと定め、訪れる観光客に真紅のバラを形どったワッペンをプレゼントするのが慣わしになっている。市街を一望に見晴らすワシントン公園には、自慢のローズ・ガーデンがあり、家族連れや若い恋人たちの憩いの場になっていた。数千本の色とりどりのバラが咲き誇る庭園を歩くと、確かにそのバラの株があった。小さな表示板に日本語で「美智子妃お手植えのバラ」と書いてある。

安保改定のあった一九六〇年一〇月、ご成婚まもない皇太子ご夫妻は、アイゼンハワー大統領の招きを受け一六日間の訪米旅行に旅立った。その最後の訪問地がポートランドであった。空港には、オレゴン州知事と並んで、のちに執務室に美智子妃の写真を飾るシュランク市長も姿を見せた。あのバラは、この時ポートランド滞在中の妃殿下が手ずから植えられたものだという。

美智子妃の人気はたいへんなものであった。市民の熱狂的歓迎ぶりは、オレゴンがカリフォルニアに次いで日系人の多い地域であることだけが理由ではなかった。日本の新しいプリンセスが大手製粉会社の社長令嬢であることに、オレゴン州の人びとは目を見張ったのである。皇太子ご成婚を報じる地元の新聞は、大見出しで「ミラーズ・ドーター・ミチコ」と紹介したものだという。

オレゴン州はアメリカ西部の代表的な穀倉地帯で、特に小麦生産は州経済を支える大黒柱であった。ところが、この小麦が第二次大戦後に大量に余り始め、その海外輸出の拡大が地元農民の最大関心事となった。アメリカ西海岸から最も近い国である日本が、有望な市場としてマークされ、ひそかな対日工作が進み出した。伝統的な米食民族の国に小麦を売りこもうとするアメリカの計画に、当時急成長を遂げつつあった日本の製粉資本は協力を惜しまなかった。

「ミラーズ・ドーター」は、まさにそうした時代にはなばなしく登場した。瑞穂の国の王女に小麦産業の指導者の令嬢が選ばれたのである。小麦の対日輸出工作に期待をかけていたアメリカの関係者にとって、どんなにか心強い出来事であったことだろう。

この時、ポートランドの高台に植えられた一株のバラは、二〇年後のいま、赤い大ぶりの花を見事に咲かせていた(筆者が当地を取材したのは一九七八年八月)。

ローズ・ガーデンからポートランドの街並みを見渡すと、この都市がいかに穀物貿易に依存して動いているかがよくわかる。遠くロッキー山脈からオレゴン州内の小麦地帯に沿ってこの町まで流れてきたコロンビア川が、眼下でいまにも太平洋に注ぎこもうとしている。河岸には巨大な穀物貯蔵エレベーターが何基も立ち並び、はしけや鉄道で運びこまれる小麦の山を吸いこんでいる。その一方で、岸壁に横づけした国際貨物船の腹の中に、この黄金色の粒が途切れなく吐き出されている。カーギル社、ブンゲ社など穀物メジャーのエレベーターにまじって、日本の丸紅が三年前に買収した真新しいエレベーターも遠くに見える。

オレゴン州で生産される小麦は、実にその九〇パーセントが、この港から日本などアジア諸国に輸出されるのである。

ビジネス街に目を転じると、ファースト・ナショナル・バンク・タワービルがひときわ高くそびえ立っている。ここには日本の総領事、そして食糧庁輸入課の海外情報官が常駐している。そのすぐ隣には茶褐色のフランクリン・ビルと真黒のマーケット・ビルが並ぶ。穀物貿易に関係するあらゆる機関がこの三つのビルに集まっていると聞いた。三井、三菱、日商岩井、丸紅など小麦を扱う日本商社も、すべてこの中に出先を構えている。その一つ、穀物取引所のあるマーケット・ビルは、異様なまでに黒い建物の色から、ブラック・ボックスと呼ばれていた。

私たちがはるばるポートランドまで足を運んだのは、アメリカの対日小麦輸出戦略の歴史をたどるためであった。その鍵を握る人物が、このブラック・ボックスの中にいるはずである。

小麦のキッシンジャーとキッチンカー

マーケット・ビルの九階、スイート（特別室）九八五。ここにアメリカ西部小麦連合会の本部がある。会長のリチャード・バウム氏（56歳）に会った。

その鋭い目差しと風貌は、忍者外交で名をはせたあのキッシンジャー氏とよく似ている。全アジアを駆けまわり、二〇年以上もアメリカ小麦の海外市場開拓に奔走してきた業績から、畏敬をこめて〝小麦のキッシンジャー〟と呼ぶ人もあるという。

バウム会長は、連合会発足以来ずっと、このブラック・ボックスの本部からすべての出先機関に指示をあたえ続けてきた。私たちが訪ねた時も、ちょうど東京事務所あてのメッセージを小型テープに吹きこんでいる最中であった。会長室の壁には東南アジア各国の民芸品が一面に飾られてある。富士山を描いた置物、日の丸をあしらった扇子、日本の製粉協会などからの感謝状、それに学校給食で楽しそうにパンを食べる日本の子供の写真もあった。テープの収録を終え、それを秘書の女性タイピストに手渡すと、〝小麦のキッシンジャー〟は私たちの方へ向き直った。

「日本へは少なくとも年に三回は出かけています。かれこれ六〇回は行っていますが、こうして日本のジャーナリストとお話しするのは初めてです」

バウム氏はにこやかに話し始めた。だが、そのタカのように鋭い眼は笑っていない。

「まずこの数字を見てください。アメリカの小麦輸出は日本へ三二〇万トン、韓国へ一四〇万トン、フィリピンへ七〇万トン……。アジアは小麦だけで二〇億ドルも稼がせてもらう大市場になりました。このほとんどはわれわれが、アメリカ農務省の援助を受けて新たに開発したものです。この膨大な需要が、アメリカの小麦相場を支える効果は計り知れません。その中でも、一番の優等生があなた方の国、日本です」

バウム氏が率いるアメリカ西部小麦連合会は、東南アジア市場の開拓に関心を持つ西部諸州の小麦生産者が、海外への販売促進機関として設立した民間の組織である。消費国の政界、官界、そして産業界と密接なパイプを築き、さまざまな消費宣伝活動を通じて側面から小麦輸出を伸ばしてゆくのがその任務である。一九四七年、オレゴン州単独の組織として誕生したこともあって、本部はポートランドに置かれているが、首都ワシントンにも常勤副会長が事務所を構え、政府・議会との折衝にあたっている。海外事務所は、東京・シンガポール・ソウル・タイペイ・マニラ・ニューデリーの六か所で、それぞれにアメリカから専任の代表を派遣し、現地のスタッフも数人雇いあげて活動してきた。

「いまから二〇余年前、私がオレゴン州の小麦生産者から海外市場の調査・開拓を委ねられた当時はすべてが手探りの状態でした。長い間、米を主食としてきた民族に、小麦食品を定着させるのは容易なことではありません。小麦を売りこむ前に、まずパンやめん類、ケーキなど小麦食品の味を覚えさせることから始めなければならなかったのです。私たちはさまざまな宣伝方法を考えましたが、一番印象に残っているのは、日本で行なったキッチンカーのキャンペーンでしょう。あれだけ劇的な成果をおさめたプログ

図1 “小麦のキッシンジャー”ことリチャード・バウム氏

ラムは他にありませんでした」

バウム氏は懐しそうに語った。

キッチンカーとは、昭和三十一（一九五六）年から三十六（六一）年にかけて日本全国の農村を巡回した栄養改善車のことである。

改造した大型バスにプロパンガスから調理台まで一切の台所用具を積み込んで、どんな山奥や離島までも出向いては料理の実演講習を行なった。その六年間に全国二万会場をまわり、二〇〇万人の参加者があったというから、ご記憶の方も多いことだろう。

このキッチンカーが、アメリカの小麦を宣伝するための事業であったとバウム氏は断言した。たしかにキッチンカーのスローガンは「粉食奨励」であり、現場で指導にあたった栄養士たちは、「米偏重」の粒食をやめて、もっと小麦を中心とした粉食をとり入れるように説いてまわった。しかし、私たちが伝え聞いていたキッチンカーは、あくまでも政府・厚生省が国民の栄養水準を高めるために独自に行なった日本の事業であったはずである。

私たちの疑問をよそに、バウム氏は話しを続けた。

「キッチンカーの現場には何度も行きました。田舎のデコボコ道をスピーカーで音楽を流しながら走ると、稲刈りをしている農民までがふり向きました。村の公民館の前に駐車すると、野良着のままの主婦たちが続々とつめかけるのです。小麦粉を使ったさまざまな調理を実演したあと、みんなに試食させると口ぐちにこう言いました。「オイシイデース」「モットモット」――と」

バウム氏は、「おいしいです」「もっともっと」のところだけはカタコトの日本語で話した。小麦食品の普及をねらった活動を見に行って、一人ひとりの消費者の確実な手応えを感じとったことが、よほどうれしかったのだろう。事実、日本政府は、この頃から加速度的に小麦輸入を増やしてゆく。「モット、モット」と叫んだのは、キッチンカーに群がった庶民だけではなかった。

「キッチンカーは、私たちが具体的プログラムとして日本で最初に取り組んだ事業でした。つづいて学校給食の拡充、パン産業の育成など、私たちは初期の市場開拓事業の全精力を日本に傾けました。ターゲットを日本にしぼり、アメリカ農務省からの援助資金を集中させたのです。その結果、日本の小麦輸入量は飛躍的に伸びました。一九六〇年の二五〇万トンが、いまでは五五〇万トンになり、そのうちアメリカ小麦のシェアは三〇パーセントから六〇パーセントにまでなりました。日本は私たちにとって市場開拓の成功のお手本なのです」

〝小麦のキッシンジャー〟は、まるで遠い過去の歴史を物語るかのようであった。

「いまになって、日本では「米を見直す」キャンペーンを始めていることは承知していす。しかし、すでに小麦は日本人、特に若い層の胃袋に確実に定着したものと私たちは理解していいます。今後も消費は増えることはあっても減ることはないでしょう。私たちの関心は、とっくに他のアジア諸国に移っています。日本の経験で得た市場開拓のノウハウを生かして、この巨大な潜在市場に第二・第三の日本をつくってゆくのが今後の任務です。日本のケースは、私たちに大きな確信をあたえてくれました。それは、米食民族の食習慣を米から小麦に変えてゆくことは可能なのだということです」

聞いていて慄然とする話であった。バウム氏は、日本はすでに開拓を完了した市場であるとも言った。いまとなって、誰が騒ぎ出そうとビクともしない。日本人の胃袋の中に、知らぬ間に住みついた小麦は、すでに勝利の星条旗を高々と掲げているのである。

「もう何もかもお話ししてもいい時期でしょう。何でもお聞き下さい」

アメリカの対日小麦輸出戦略を最前線で指揮してきたリチャード・バウム氏の口から、次つぎと新しい真相が語られ始めた。

オレゴン州ポートランド、ブラック・ボックスの九階。

私たちのインタビューは、短時間では終わりそうになかった。

小麦が米を食う

昭和五十四（一九七九）年六月、今年も東京九段の武道館に全国から一万人の稲作農民が集まった。いつものように要求米価をかかげた農民代表が次つぎと決意表明に立つ。しかし、会場の一人ひとりの農民の顔は暗く重い。何一つ波瀾も起きない。

誰かがつぶやいた。「今年はまるで葬式みたいな米価大会だ」――と。

日本人の主食である米の座が、その根底から揺らいでいる。米はいまや、国鉄・健保と並んで3K赤字のレッテルを貼られ、日本経済の「お荷物」とまで言われるようになった。昭和五十三(一九七八)年から政府は二度目の減反政策をとり、今年はさらに農協自身が「うわ乗せ」減反を推進したが、それでも米は余り続けている。古米在庫はおよそ七〇〇万トンにのぼるものとみられ、その処理に要する財政負担額は一兆円を超えるという。

農林水産省はついに聖域「食管法(食糧管理法)」に手をくだし始めた。青嵐会農政を中川一郎氏から五十三年十月に引き継いだ渡辺美智雄農相は、「お中元で米を贈れないような法律は間違っている」と発言し、食管法手直しをにおわせた。そして「まずい米まで一律の値段で買うことはできない」と、政府買い入れに品質間格差を初めて持ち込んだ。北海道、青森などの生産者にとっては、事実上の米価引下げ決定であった。

日本最強の圧力団体とまで言われた天下の農協も、今はただ押し黙るだけのようである。七〇〇万トンの余り米という巨大な影の存在が、言わば「問答無用」とばかりに、口を封じてしまっている。日本最後の自給食糧である米を、ひたすら作ってきた農民たちは、怒りのやり場もなく、ただ、事態のなりゆきを呆然と眺めるしか術がなくなってしまった。

いったいなぜ、こうなってしまったのだろう。米はどうして、これほどまでに余り始めたのだろう――。

識者は「作りすぎるから余るのだ」と、いとも簡単に断をくだす。たしかに、ここ一〇年来の稲作は多少の天候不順には左右されないものになった。また他の作物と比べて、米は作りやすい上に価格が保障されているのも事実である。そうした米づくりの相対的有利性が、いわゆる「日曜百姓」まで、片手間稲作にかりたてている原因にもなっている。しかし、米の過剰はこうした生産面の構造変化だけがその原因ではない。圧倒的な消費面の「米離れ」現象が過剰に拍車をかけていることを見逃すことはできない。

戦前の日本人は一年に一三五キロの米を食べた。戦中・戦後の食糧難時代に、その量はいったん一〇〇キロ以下にまで落ち込んだが、農業生産が回復した昭和三十年代後半には、一人当り一一七キロの水準にまで回復した。

しかし、その後は急カーブの低落を続け、今日、日本人一人当りの米消費量は、わずか八五キロにすぎない。この一五年間に何と三〇パーセント近くも減ったのである。そのため、人口は増えたにもかかわらず、米の年間総需要は二〇〇万トン近くも落ちこんだ。しかも、この傾向は、当分歯止めがかかりそうにない。

こうした、米離れの原因はどこにあったのだろう――。激しい肉体労働が減ったために、昔のように一升飯を食らう人がなくなったとか、夫婦共働きが増えたため忙しさに追われて簡便なインスタント食品に頼ることが多くなったとか、さまざまなことが言われる。また、「食生活の高度化」による当然の現象と説明する人も多い。所得が向上するにつれて、人間は穀類デンプン質の摂取を減らし、動物性蛋白質などの副食を多く摂るようになるものであり、米の消費が減ったのはこの必然の帰結であるというものである。たしかに戦後、肉類や野菜類など副食の増大には目をみはるものがある。だが、果たしてそれだけであろうか。ここに見落せない一つの事実がある。

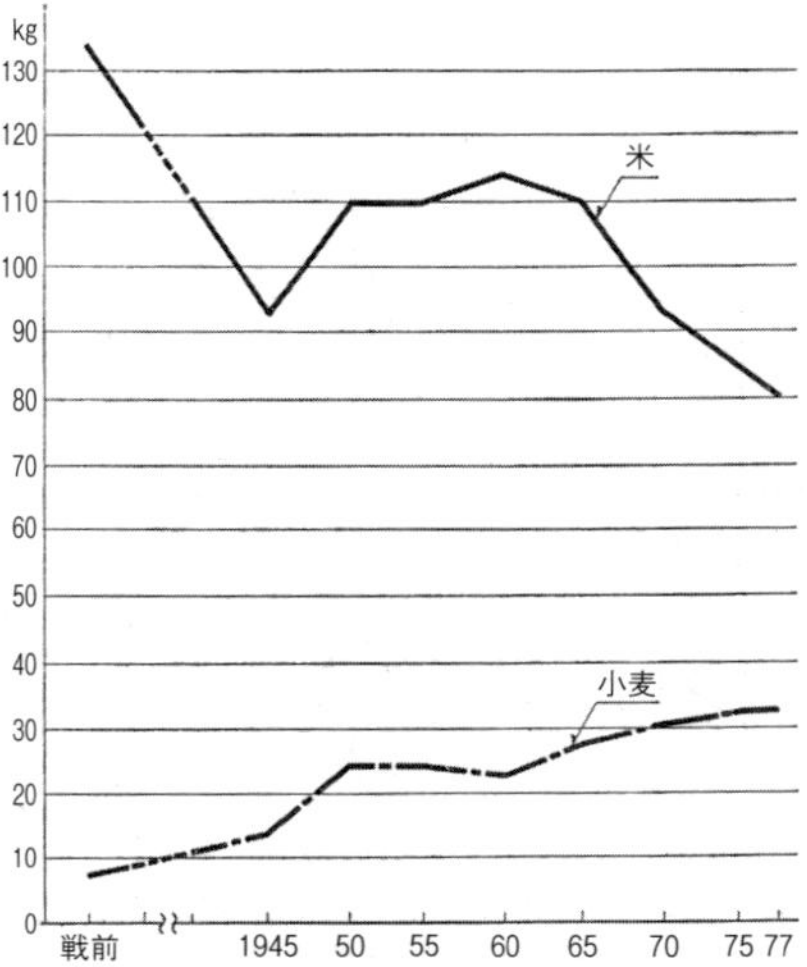

米、小麦の年間１人当り消費量の推移
注）戦前は 1934 〜 38 年の平均値。

　日本人の食生活に占める主食穀類のウエイトは減少したが、その中で小麦だけは着実に伸びている。戦前、国民一人当りの小麦消費は八・五キロで米の六パーセントにすぎなかった。それがいまでは四倍の三二キロまでに増えて、米の四〇パーセントにも及ぶようになった。副食が主食デンプン質に食い込んだ

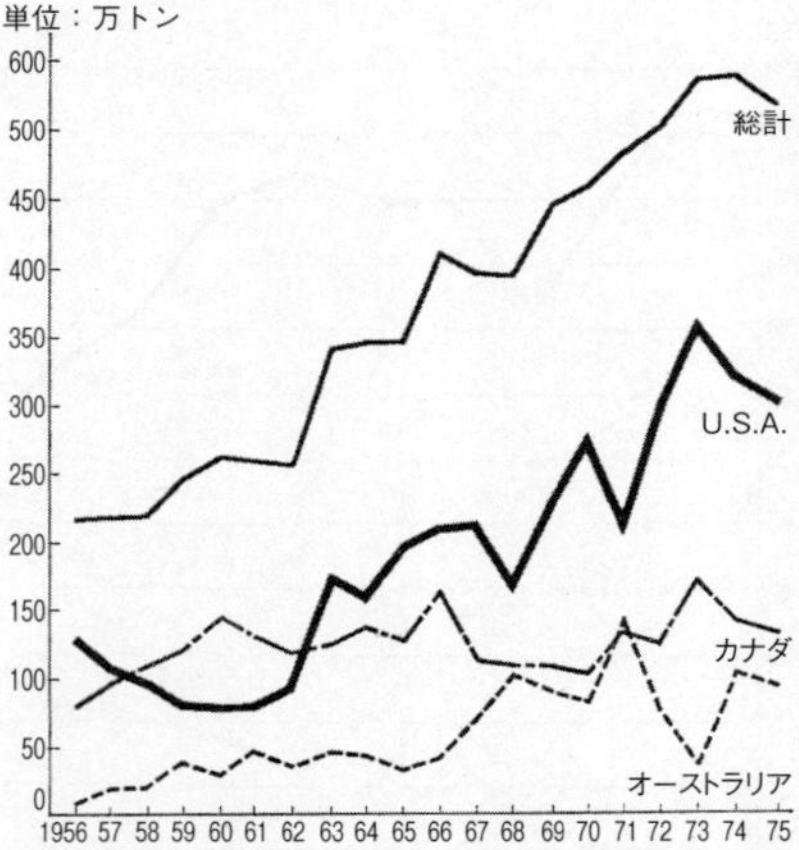

日本における国別小麦輸入量の推移

注）資料はアメリカ小麦連合会『アメリカ小麦』59号（1976）より（巻末に対日活動の足どりも含めた原資料を掲載）。

だけでなく、その限られた主食の中で米は小麦に食われたのである。しかも、その小麦の中で国内産はいつの間にか影をひそめ、いまや九割以上が外国産で、その六割がアメリカ小麦である。

戦後の食生活の変貌のかげには、単なる自然現象では片づけられない人為的な何かがあったにちがいない。今日の米過剰をもたらした重大な要因が、そこに隠されているかも知れない。

私たちは、日本人の主食の座に小麦がいかにして食い込んできたのかを調べてみようと決心した。小麦の最大供給源はアメリカである。謎解きの鍵もやはりアメリカにありそうだと考えるのは自然である。

これまでも何度か、アメリカの謀略説を聞いたことがあった。米過剰に悩む農民たちは、「あのマッカーサーの学校給食がくせものだった」とか、「小麦贈与にだまされた。ただほ

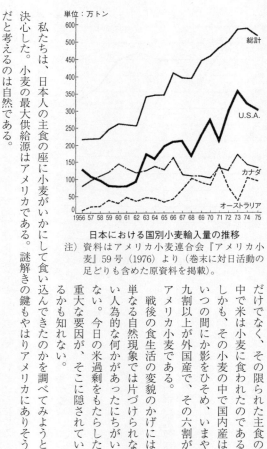

ど高いものはない」などと語気を強めて語る。左翼系の機関紙はいつもきまって「安保体制の下で、アメリカは日本人の胃袋をその食糧の傘の下に組み込んだ」と主張している。それならば、実際のところ、アメリカはいつ、誰が、どんな方法で日本にどう働きかけてきたというのだろうか。

私たちは、あらゆる予断をいったん排除して、一つひとつの事実と証言の積み重ねの中から、アメリカが戦後の日本食糧史にどう関わってきたのかを解明したいと考えた。手もとにある参考文献はきわめて少なく、心もとないスタートであった。

赤坂のアメリカ小麦連合会

私たちの取材は、小麦輸入に関係するすべての機関をたずねまわることから始まった。輸入小麦の買い付けを一手に握る農林水産省食糧庁。シカゴ相場をにらんで海外小麦を手当し、食糧庁に入札方式で納める商社。食糧庁から払い下げを受けた原麦を小麦粉にして製パン・製めんなど二次加工業者に販売する製粉メーカー。そうしたさまざまな関係者と話しているうちに、一つの見知らぬ組織の存在が浮び上がってきた。

アメリカ小麦連合会。ポートランドに本部を持つアメリカ西部小麦連合会が東京に設けた出先機関である。事務所は、駐日アメリカ大使館に近い東京・赤坂のビルの八階にあった。入口のパネルには「私達は日本の小麦産業に奉仕する全米小麦生産者の代表です」と書いてある。忙しそうに英文タイプを打つ日本人女性が三人いて、その奥には駐日代表らしきアメリカ人の姿も見え隠れした。私たちは、駐日次席代表の曾根康夫氏(63歳)のもとに案内された。

五〇代の前半としか見えない精悍な紳士で、頭の回転も早そうである。この人物がアメリカ小麦を日本に売り込む立役者の一人であったとは知る由もない。あとでわかったことだが、曾根氏は戦後GHQの公安畑で働き、のちには山梨県知事の直属通訳としてオネストジョン事件の舞台裏でも活躍した経歴を持っていた。昭和三十五(一九六〇)年に乞われてこの道に入って二〇年近い。この事務所の事実上の責任者であり、青嵐会議員の中尾栄一氏とも同郷の関係で親しいという。

「パネルにも書いてあるように、日米の小麦関係者の間をとりもつのが私たちの役目です。今では商社や製粉業界などに小麦の情報サービスを提供するのが主な仕事になりましたが、以前は盛んな宣伝活動をやったものです。小麦市場を開拓するために、キッチン・カーをはじめ、全国パン祭りや学校給食の普及運動など数百のプロジェクトをここで進めてきました。活動資金ですか。それはアメリカ農務省から出たのです」

曾根氏は、意外なほどに淡々と語った。この年(NHK特集取材時の一九七八年)の六月、小麦産地のノースダコタ州で「輸入大国・日本に感謝する夕べ」が開かれた。曾根氏は食糧庁幹部や製粉・製パン業界の代表を引率してこれに参加し、帰国したばかりであった。一年に最低三回はアメリカに出向くという。

「今回のパーティーは、州知事が主催する盛大なものでした。州知事から食糧庁長官に、州旗がプレゼントされ、お返しに食糧庁からカブトが贈られました。私事ですが、日米の小麦貿易のかけ橋になったとして、私は感謝状をいただきました。たいへん名誉なことで、昨日も日清製粉の正田英三郎会長に報告してきました。製粉の社長さん方とはまた近いうちに会わねばなりません。麦価改定の米審がもう近いですからね」

図2　アメリカ小麦連合会東京事務所入口　小麦に関する色々のパネル

私たちと話す合い間にも、曾根氏にはひっきりなしに電話が入る。氏はある時は日本語で、またある時は流暢な英語でこれをさばいていた。

「早いもので、連合会が活動を開始してもう二〇年以上にもなりました。そう言えば、二〇周年を祝ったときのパンフレットがありますよ」

曾根氏が持ってきたのは小麦連合会の機関紙

のバック・ナンバーで、それによるとアメリカ小麦連合会の二〇周年行事は昭和五十一（一九七六）年十一月三十日、東京麻布台のアメリカン・クラブで開かれていた。出席者の顔ぶれを見て、私たちは目をみはった。

ポートランドからあのバウム会長がきているのは当然としても、アメリカ農務省からハッチンソン輸出促進局長が顔を見せ、駐日アメリカ大使のホジソン氏も招かれている。日本側からは食糧庁長官・大河原太一郎氏（のちに農林事務次官）が列席し、農林大臣・大石武一氏までが祝辞を寄せている。

このほか、アメリカの小麦生産者から日本の商社、製パン業界まで総勢二〇〇人が参加する大パーティーであった。祝賀会は、バウム会長と大河原長官の記念講演で始まり、食糧庁と製粉協会からアメリカ小麦連合会へ感謝状が贈られて祝宴に入った。

この席で大石農林大臣は次のような祝辞を贈っている。

「アメリカ小麦連合会は、一九五六年にオレゴン小麦栽培者連盟の東京事務所として発足して以来、終始一貫して、わが国に対する小麦の安定供給に努められるとともに、貴国とわが国の小麦貿易関係者が相互理解する上に非常な貢献をなされましたことは、私を初めとする関係者一同ひとしく、高く評価するところであります」

ここまでは通りいっぺんの外交辞令ともとれるが、つづいて大臣は個人的な深い関わりを自ら披瀝している。

「私事を申し上げて恐縮でございますが、実は私、一九五六年米国農務省とオレゴン小麦栽培者連盟の招待による第一回小麦視察団の団長として訪米致しまして、アメリカ国内の各地において暖かい歓迎を受け、そのさいお会いした人びとと、現在においても個人的に親しくおつき合いを続けさせていただいております。私の訪米以来二〇年が経過し、アメリカ小麦連合会が二〇周年記念を催すにあたり、私が農林大臣に在任していることは奇しき因縁と言うほかなく、まことに感慨無量であります……」

図3　執務室の曾根康夫氏（アメリカ小麦連合会駐日次席代表）

一九五六年と言えば、バウム氏たちが対日小麦市場開拓に乗り出し、キッチンカーが動き出した年である。この年の夏、当時農林政務次官であった大石武一議員は、桑原食糧庁業務部長、円尾日清製粉常務、長谷川日本製粉常務を伴って五週間のアメリカ小麦事情視察を行なった。費用はアメリカ持ちであった。その後、家族ぐるみの交際をしている相手とは、オレゴン州のM・ウェザーフォード氏のことで、氏は対日市場開拓を発案したアメリカ農民の指導者であった。

図4　アメリカ小麦連合会20周年記念行事で挨拶するホジソン駐日大使　背景に小麦輸出実績のグラフが見える

アメリカ小麦連合会の二〇周年行事は、太平洋をまたいだ壮大な小麦人脈の存在を浮び上がらせた。東京・赤坂の貸ビルの一角で、そのオフィスの小さな構えからは想像もできない遠大な計画が進行していたのである。

キッチンカーの謎

「キッチンカーは日本政府が行なった事業ではなかったのですか？」

アメリカ小麦連合会の曾根氏に、ズバリと聞いた。

「たしかに日本の厚生省の協力はありましたが、あれは当連合会の前身であるオレゴン小麦栽培者連盟が財団法人の日本食生活協会と契約して行なったわれわれの事業です。資金はアメリカ農務省から出ました。当時アメリカではPL四八〇（Public Law 480）が制定されたばかりで、この公法にもとづいてアメリカ農産物の海外市場開拓に予算がつくようになったのです。キッチンカーについてくわしく知りたければ、日本食生活協会に行ってみたらいいですよ。厚生省の外郭団体で、たしか当時の関係者もいるはずです」

私たちは曾根氏の勧めにしたがって、東京・有楽町の日本食生活協会を訪ねることにした。副会長の松谷満子氏は気安く取材に応じてくれた。

「キッチンカーは、私どもが厚生省の後援を受けて運営しました。この協会はそもそもキッチンカーのために設立されたのです。運営資金ですか？　それはもう昔の話ですから……」

言いづらそうなようすであったが、松谷氏は資金のほとんどがアメリカから出たものであることを認めた。

「それは信じられないほどの気前の良さでした。ピカピカの大型バスをポンと一二台買ってくれたのですから。一台が四〇〇万円とか言っていました。そのほか、キッチンカーの運営には運転手さんの日当とか、ガソリン代やらで一台に一月六〇万円ほどかかりましたし、パンフレットもたくさん作ってくれました。そうですね、たしか六年間で一億数千万円かかったとか聞いています」

「それでは、キッチンカーはアメリカの小麦を宣伝するための事業だったのですか？」

私たちは単刀直入に聞いた。

「いや、そうではありません。これはあくまで国民の栄養改善を目的に、厚生省と当協会が行なったもので、その点についてはアメリカ側も了解ずみでした。粉食を奨励し、栄養改善を説けば、自然と小麦の消費は増えるわけでしょう。それがわかっているから彼らは、キッチンカーの運営をすべて私どもに任せたのです。ただ、実施する調理献立の中に最低一品だけは、小麦を使ったものを入れてくれとは言われました。条件らしきものはそれだけです。キッチンカーはたいへんな評判を呼びましたから、アメリカの関係者も喜んだようです。バウムさんというオレゴン州の小麦生産者団体の役員さんが何度もきましたし、農務長官のベンソンという人がきてじきじきに視察し、キッチンカーに乗ってご満悦だったのをよく覚えています。どこかに写真があったと思いますが……」

松谷氏は古い資料を捜し始めた。各地で歓迎を受けるキッチンカーの写真やそれを報じる新聞のスクラップの山の中に、ベンソン長官がキッチンカーに乗ってうどんを食べている写真があった。ハシの持ち方はぎこちないが、表情は底抜けに明るい。それにもう一枚、興味を引く写真があった。一九五六年五月十八日、契約調印とただし書きがされてある。そこでは、あのリチャード・バウム氏が、日本食生活協会の林理事長とにこやかに握手をかわしていた。そして、その両脇では厚生省の木村事務次官と、アメリカ大使館のタモーレン主席農務官とが寄り添うように握手する二人を見守っている。日米両国の官民代表が手をとり合ってキッチンカーの事業契約をとりかわした決定的瞬間であった。

当時の新聞のスクラップを見ると、いかにキッチンカーがもてはやされたかがよくわかる。

見出しを並べると「動く台所が活躍」「走る料理教室がやって来た」「重宝がられる栄養指導車」とベタほめである。その中から典型的な報道を紹介しておこう。

――肥後路をゆくキッチンカー――

秋も深まった肥後路をピンクにぬった車が走る。これは日本食生活協会から県の衛生部が借りた栄養指導車「めじろ号」というキッチンカー。見た目はバスだが、内部にはガスレンジ、冷蔵庫、食器棚などを備え、後方ドアが三方に開き、公民館の中庭や村のちょっとした広場で自在に料理指導ができる。

全国で一二台。九州では「めじろ号」のほかに一台が「一日一食は粉食にしましょう」「毎日の食事に必ず六つの栄養素を組み合わせましょう」と食欲の秋の農村で栄養指導を行なっている。

この日は、栄養指導車を迎えてたくさんの村の人々が集まった。保健所の栄養士さんが手近な材料で、いろいろおいしい料理のつくり方を説明する。こんなに手軽に栄養料理ができるのかと、農家の人は目をパチクリ。子供たちも大勢あつまり、おいしそうな料理を前にツバをゴクリ。

きくだけではわからぬと、できた料理はみんなで試食。「ウマカー」と驚嘆しきり。「今夜はこれをつくります」と喜んでいた。

この車は今月一ぱい熊本県内をまわり、来月は鹿児島県を走る。

（朝日新聞・地方版、昭和三十五［一九六〇］年十月十六日）

どれもが、これと似たような記事である。そして、不思議なことに、どの新聞にも「アメリカ」の四文字が出てこない。日本食生活協会が運営主体であったことは間違いではないが、影のスポンサーの存在を知らせない報道は真実ではなかろう。

「当時の新聞になぜ、アメリカが出てこないのでしょう」

この問いに松谷氏はこう答えた。

「ことさら隠そうとしたわけではないのです。けれども、何と言いますか、アメリカの資金についてふれるのは、協会の中ではタブーのような空気がありましてね」

キッチンカーには、一億円を超えるアメリカの資金が投ぜられ、その事実をほとんどの国民が知らされなかった。

これほどの大金を、アメリカ農務省はどんな意図で出したのだろう。またこの資金を生み出したPL四八〇とは何だったのだろう。

私たちの次の取材地は、アメリカの首都ワシントンと決まった。

ワシントンの意図〝余剰小麦を売りこめ〟

アメリカ農務省

二〇年前に皇太子ご夫妻を熱狂的に迎えたポートランド空港から、私たちは首都ワシントンに向けて飛び立った。あの〝小麦のキッシンジャー〟氏とのインタビューから、PL四八〇が一九五四年にアメリカ議会を通過した「余剰農産物処理法」のことだと知った。その時の大統領はアイゼンハワーで、農務長官はのちに日本までキッチンカーの視察にやってきたベンソンであったという。バウム会長は「あのPL四八〇の制定がなければ、今日の日本市場は生まれていなかっただろう」とまで言った。

私たちのワシントン訪問は、このPL四八〇の制定に関わった人物を捜し出し、当時のアメリカ政府がどんな狙いで「余剰農産物処理法」を通過させたのか、そしてバウム氏たちの民間の市場開拓事業の背後に、どんなアメリカの国家意志が働いていたのかを調査するためであった。

私たちの乗った飛行機は、ロッキーの山並みを越え、途中でユタ州ソルトレイク・シティーにいったん着陸した。大塩湖とモルモン教の総本山があることで知られる町である。PL四八〇を立案したベンソン農務長官はこの町の出身で、熱心なモルモン教徒であったという。

実は当のベンソン氏は八〇歳の高齢ながらいまも元気でこのソルトレイク・シティーに住んでいた。残念ながら、私たちはその事実を、アメリカ取材の最終日に知ったのである。三〇分ほどの待ち時間を空港内で過して、私たちはこの重要な時代の証言者がいる町を離れた。

図5　キッチンカーで小麦食品を試食するベンソン農務長官　右は日本食生活協会副会長南喜一氏

飛行機はアメリカ最大の穀倉地帯である中西部諸州を飛んでゆく。雲の切れ目から臨む眼下の風景はどこまで行っても緑であった。

一九七六年、アメリカが建国二〇〇年を祝った年に私はこの中西部の農業地帯を二か月にわたって取材したことがあった。北はモンタナ州でのカウボーイから南はオクラホマでの小麦農家まで、グレート・プレーンズで会った農民たちは「アメリカを支えているのはわれわれだ」という自負を持っていた。カンザス州のセラーズという農民は、地平線まで届きそうな広大な畑を耕すために、徹夜でトラクターを運転していた。毎朝、穀物相場をラジオで聞き、自分の収穫物は自分で販売の時期を決断する。ある時、セラーズ氏は「今日、これから、うちの小麦の三分の一を売るぞ」と言い、町の組合事務所に出かけて、われわれの目の前でポンと五〇〇万円相当の小麦を売却してしまった。その帰りに農機具販売店に立ち寄り、今度は四二〇万円ほどの中古トラクターを買ってそのまま自分で運転して帰った。この時の取材で、私は底知れぬアメリカ農業のパワーを草の根の現場から見せつけられた思いがした。

アメリカは農業大国である。人口のわずか四パーセントの農民が、全アメリカ国民のみならず、世界の胃袋を満たしている。農産物が稼ぎ出す貿易黒字額は一〇〇億ドルを超え、巨額の石油輸入による赤字を埋め合わせる最大の輸出商品になっている。その中でも小麦はトウモロコシ、大豆と並ぶドル箱である。アメリカは自国で生産した小麦の約六〇パーセント（三〇〇〇万トン）を輸出し、一国で世界の小麦貿易量の半分近くを占めているのである。そうした実績がアメリカ農民の自負と発言力を支え、大統領選挙に勝つためには中西部の農民票をおさえることが不可欠だとまで言わせる根拠になっている。

アメリカ農務省は、こうした農民たちの利益を代表し、全世界をにらんで数かずの政策決定を行なってきた。PL四八〇（余剰農産物処理法）も、その中の一つであったにちがいない。

あらゆる政府機関を集めた官庁の町ワシントンで、ひときわ威容を誇る建物があった。

私たちの目ざすアメリカ農務省である。国防総省に次ぐマンモス官庁で、この中に八〇〇〇人もの職員が働いているという。星条旗が翻る正面玄関を入ると、カーター大統領とバーグランド農務長官の写真が並んで飾られてあった。

国際関係を扱う海外農務局のオフィスを訪ねると、四〇歳くらいの気さくな感じのダドニイという広報官が待ち受けていた。前もって駐日アメリカ大使館を通して、農務省内の撮影などを依頼してあったからだろう。

ダドニイ氏は、「では、参りましょう」と立ち上がり、農務長官室から職員食堂まで、省内の各所を案内してくれた。海外農務局の小会議室では、世界作況分析委員会のスタッフが世界地図を広げて討論をしていた。この日は海外の柑橘類の成育状況と市場動向を分析しているとのことである。地図上には一〇枚ほどの小さな紙片がピンでとめられてある。よく見ると、ソ連や中国、ヨーロッパ諸国など重要地域の最近の気象状況と作況が簡潔な文章でタイプされていた。日本の上には紙片がなかった。

「こうした情報はどこから入ってくるのですか」

この素朴な質問にダドニイ氏はこう答えた。

「わが海外農務局からは、世界六四か国の大使館に一〇〇人を越えるアタッシェ（農務官）が派遣されて情報収集にあたっています。日本には主席農務官をはじめ、五名が常駐しています。彼らから送られてくる報告書は、定期的なものから随意的なものを含めると、一年で一万通を優に超えるのですよ。その上、最近ではランドサット衛星で写した写真がNASA（米航空宇宙局）から送られてくるようになりました。私はその方面のプロではありませんが、衛星写真をコンピューターで分析するとかなり精度の高い情報が得られるようですよ」

私は、あの穀物危機の時にささやかれたアメリカの〝食糧戦略〟という言葉を思い起こしていた。OPEC（石油輸出国機構）が石油を武器に使ったように、アメリカは地上と空からの情報収集によって、食糧をいつでも戦略物資として発動させるフリー・ハンドを持っているのではないか。実際のところ、アメリカ農務省がはじき出す外国の農産物の収穫予想は、時として当事国よりも早く、しかも正確であったりするという。

ひと通り、農務省内の撮影を終って海外農務局のオフィスに戻ると、広報課長のドン・ルーパー氏と市場開発計画部の日系人ジェミー・イソ氏が座に加わった。「ベンソン長官時代のPL四八〇が生まれたいきさつを知りたい」と本来の取材目的を話すと、彼らは一様に肩をすくめた。ルーパー課長がこう言った。

「残念ながら、それはあまりに昔の話です。私がこの中では一番古いが、当時はまだ駆け出しでしたからよくわかりませんし、法案の作成にあたった人たちは皆、退官してしまいました。特に長い共和党政権から民主党のカーター政権にかわった段階で、農務省幹部はいっせいに入れ替わったばかりですから……」

日系人のイソ氏が日本語で助け船を出してきた。

「それでも何人か農務省OBの心当りはありますよ。たしか日本での市場開拓に関係した人もいるはずですから、あとで紹介してあげましょう」

少々気落ちしている私を見て、ダドニイ広報官が「お役に立つかどうかわかりませんが、このフィルムを見てください」と言った。

ダドニイ氏は、かつて農務省の映画制作部門におり、日本にも何度か撮影に行ったことがあるという。彼が持ち出してきた一六ミリフィルムは、一九六七年頃に撮影したもので、東京の伊勢丹デパートで開催されたアメリカ農産物の物産展の模様が写っていた。デパートの社長らしき人物がテープ・カットを行なうと、大勢の客が会場になだれこみ、ドーナツを焼きあげる機械の前でおいしそうにこの小麦食品を食べている。オレンジ、レモンが陳列され、生きたヒヨコの入ったガラス・ケースに子供たちが群がっている。視察にやってきたフリーマン農務長官の夫人の顔もある。長官夫人に寄り添っている和服の婦人は、よく見ると日清製粉の正田社長夫人、あのミラーズ・ドーターの母君であった。

「最近でこそ、こうしたPR映画は作らなくなりましたが、あの頃までは日本向けの宣伝活動を盛んにやったものです。いつでしたか、「日本はアメリカ農産物のナンバー・ワンの買い手となった。日本人はこんなにもアメリカの食糧をたべるようになった」という内容でテレビ用のフィルムを作成した記憶があります。日本のプロダクションに依頼して、私が日本まで行って監督しました。三分ほどに編集してNBCかABCかがニュースとして全米に放送したはずです。最後の場面が、パンを食べる少年のクローズ・アップだったのをよく覚えています。農務省としては、海外の市場開拓の成果をアメリカの納税者に見せる必要があったのです」

ダドニイ氏の映画は、たいへん興味深いものであったが、私たちが知りたいのはそれより以前の話であった。私たちは農務省を辞し、国立の映像資料室があるナショナル・アーカイブズに足を向けた。アイゼンハワー時代の農業事情を、古いニュース映画の中に探りたいと考えたからであった。

野ざらしの余剰小麦

ナショナル・アーカイブズのファイル棚で、片っぱしから農業関係のカードを引き出しては古いフィルムを見た。何本目かに映したフィルムは、いきなり野ざらしになっている穀物の山から始まった。

「太平洋岸のストックトン港では、倉庫からあふれた小麦が野積みになっています」

一九五四年二月のニュース映画はこう語り始めた。

「昨年夏から表面化した余剰小麦の問題は、ますます深刻なものになってきました。政府では、ハドソン河のリバティー船を臨時の小麦倉庫に代用してきましたが、この二月十七日には新たに一八〇隻の予備船を追加し、合計で三〇五隻が思わぬ勤めを果すことになりました」

画面に写し出されるリバティー船は、第二次大戦で活躍した輸送船である。数百の船がつながれて並ぶさまは、さながら小麦格納船隊であった。映画のナレーションはさらに続く。

「現在、政府が抱える農産物のストックは小麦、綿花、乳製品など合計で五五億ドル（当時の約二兆円）にものぼります。このため政府が支払う倉庫代だけでも一日で四六万ドルに達しており、アイゼンハワー政権は早急に、この問題を解決することを迫られています」

それから何本目かにかけたフィルムは、議会でアイゼンハワーが演説しているものであった。索引カードによれば、同じ年の一月十一日、農業特別教書の表明とある。この演説の冒頭で彼は、「農業問題は現在、議会が今会期中に審議するいかなる問題よりも、重大で複雑になっている」と述べて、さらにこう続けている。

「余剰農産物の処理は、これまでの単なる海外援助や災害救済の方式に頼っているだけでは十分ではない。第二次大戦をはさんで、アメリカの農業生産力は革命的ともいえる飛躍を遂げた。これは、わが農民たちが、より広範な食糧需要に応える力を国家に与えたということでもある。農務省は今や、国内のみならず海外にハケ口を拡大すべく、活動を強化しなければならない。来たる予算教書において、私はこの目的を達成させるために、十分な予算手当を行なうよう議会に要請するつもりである」

熱弁をふるう大統領の斜め後には、若きニクソン副大統領の顔もあった。アイゼンハワーは海外市場の拡大に本腰で取り組む姿勢を明らかにし、つづいて海外市場の調査のために特別の使節団を欧州・アジアに派遣することを宣言している。

第二次大戦中、アメリカは小麦の生産力を飛躍的に高め、フル生産で連合国の兵糧をまかなった。戦後は食糧生産の回復しない世界諸国から援助の要請や購入申し込みが殺到した。それが一段落して、相場にかげりが見え始めると、今度は朝鮮戦争の勃発（一九五〇年）で、穀物需要はいっきょに膨んだ。しかし、ブームはそこまでであった。一九五三年、朝鮮戦争が休戦になると需要はまたたく間に冷えこみ、そこへ五三、五四年の世界的な大豊作が続いたのである。既存の政府倉庫がパンクするのは当然であった。

アイゼンハワーの大統領就任は一九五三年一月であった。カンザス州の農村出身でもある彼にとって、余剰農産物の処理問題は緊急かつ最大の経済問題となっていた。

農業特別教書を発表してからちょうど一週間後の一月十八日、今度はベンソン農務長官の記者会見の模様が写し出された。多くの報道陣を前に、ベンソン長官はこう切り出した。

「アイゼンハワー大統領は今日、今議会に提出する新法案を公表した。これは、友好諸国の経済強化を助ける目的で、一〇億ドル相当の余剰農産物を大統領権限で処分するという立法であり、農務省としても大歓迎である」

あとでわかったことだが、これがＰＬ四八〇（余剰農産物処理法）の初名乗りであった。法案の具体的内容が明らかになるのは、その数か月後のことである。

大統領特命の日本視察団

農務省のイソ氏から紹介を受けて、ゴードン・ボールズという人物に会った。氏は農務省のＯＢで全米製粉協会の専務理事を最後に引退したという。ボールズ氏は、出合いがしらに、一冊の古ぼけた冊子を取り出した。

「これは、一九五四年四月に、私たちがアイゼンハワー大統領から任命されて、海外市場の視察にまわった時の報告書です。当時、大統領はＰＬ四八〇の制定に熱心で、その立法を強固なものにするには、実際に余剰農産物を受け入れる国ぐにへ出向いて、実情を把握させることが必要だと考えたのです。私たち三五人のメンバーは、出発前にホワイトハウスに招かれて次のような激励を受けました」

アイゼンハワーは一行を前にこう述べたと、報告書は記している。

「諸君の重大な任務に対して、私は限りなき支援を惜しまない。第一の使命は、余剰農産物の貿易を発展させる方途を探すことである。「アメリカの農産物をどの国が買えるのか、どうしたら売れるのか」その方策を開拓してきてもらいたい」

こうして一九五四年の四月十日、視察団は、ヨーロッパ、南アメリカ、東南アジアの三班に分れ、一か月半の旅に出た。

「私は東南アジアグループの一〇人の中に加わりました。パキスタンやインドなど八か国をまわって五月に東京に入りましたが、日本は特に印象に残っています。農林省など官庁の人びとや業界の人びとと会談しましたが、当時の日本は米が足りなく、しかも値が高かった。私はその時、全米製粉協会の輸出促進部長でしたから、小麦の輸出について特に関心を持っていました。日本のドル不足という隘路さえ解決できれば、割安の小麦を米の替りにどんどん売り込めると確信したものです。すでに日本ではマッカーサーが始めた学校給食が、かなりの小学校に広がっており、これはたいへん意味のあることだと意を強くしました。東南アジアの国ぐにの中で日本が最も有望な市場だと私は報告しました」

ボールズ氏は古い記憶をたどりながら話し続けた。

「あれから二〇年以上になりますが、私の判断に間違いはありませんでした。ただし残念ながら一つだけアテがはずれたことがあります。私の個人的な狙いは小麦ではなく、小麦粉製品の輸出拡大にありました。当時の日本の製粉会社は、まだ規模も小さく技術面でも遅れていました。しかし、その後目ざましい発展を遂げたために結局製品輸出の夢は破れてしまったのです。あの頃は、小麦食品全般を海外に普及させようという点で、小麦生産農民との共通利害がありましたから、全米製粉協会は、オレゴンの小麦連盟ともよく協同して宣伝活動を行なったものです」

ボールズ氏はリチャード・バウム氏のことをよく知っていた。いっしょに日本に出かけたこともあるが、最近ではほとんど会っていないという。

「さてこの報告書についてですが、これは使節団が全員帰国したのちに、私も加わってまとめあげたものです。大統領の要請に応えて、いま何が余剰農産物処理の障壁になっているか、どうしたら販路を拡大できるか、さまざまの提言が書いてあります。七月に成立するPL四八〇には、われわれの提言が多くとり入れられました。何と言っても、一番重大な点は、諸外国のドル不足を指摘したことです。食糧はノドから手の出るほどに欲しくても、それを買う外貨を持たないという国がたくさんあったのです。PL四八〇はこの隘路を克服した画期的な法律でした」

ボールズ氏に見せられた大統領使節団報告書は、「訪問国の印象記」と「輸出拡大への提言」の二部構成になっていた。たいへんな長文なので要点を抜粋しておこう。

訪問国の全般的印象

世界の農業生産高は、全体を見ると戦前水準の一一五パーセントになったが、地域によってばらつきが見られる。北アメリカは一五〇パーセントで最も高く、西欧も戦前水準をはるかに超えているが、東欧、ソ連そして極東はどうにか戦前レベルに回復した程度である。アメリカの農産物輸出にとって深刻な脅威は、諸外国で食糧自給率を高めようとする気運が高まってきていることである。各国政府は補助金・支持価格を設けて国内の農業者を海外との競争から保護しようとしている。これは戦後体験した飢餓・配給統制の記憶がなまなましいためでもあるが、重大な点はこの傾向にドル不足が拍車をかけていることである。我々が訪れた多くの国が外貨不足に悩んでいた。食糧を輸入したくても、支払う外貨がないのである。そのため各国政府は極端な輸入規制をしいたり、ドル使用の選択的承認制をとったりしている。こうしたドル不足に由来する自給率向上主義・農業保護主義は放置しておくと、わが国の農産物市場拡大に大きな障害となるであろう。

　アメリカで余剰となっている農産物と同じものを栽培している外国農民の間には、アメリカが世界市場にダンピング輸出をするのではないかという大きな恐れが広がっている。もしそうなれば、国際相場を暴落させ、農民はもとより、いまストックを保有している商社や食品加工業者にも巨額の損害を与えることになる。こうした不安が輸入国の購入意欲をそぎ、自家保有を通常よりも少なくさせる要因になっている。

輸出拡大への提言

一、通貨の互換性を確保すること（IMF活動の強化）——以下略
二、競争的輸出価格の設定——以下略
三、外国通貨での農産物販売
　我々は外国通貨で余剰農産物を販売する立法をすみやかに行なうことを提言する（これがPL四八〇につながる—筆者註）。諸外国においてドルが不足し、通貨の互換性が十分でない現況下では、通常の商業貿易をそこなわない範囲において、受け入れ国の現地邦貨で支払わせる農産物販売を行なうべきである。
四、輸出クレジット（のべ払い）——以下略
五、海外への販売促進活動
　輸出拡大のためには、合衆国のあらゆる政府機関・民間組織の統合した努力が必要である。農務省海外農務局は農民組織や産業団体を巻きこんで、海外市場を分析し、市場の獲得・維持のための様ざまなサービスを提供すべきである。同時に民間の業界団体は海外貿易のエキスパートをいつでも海外農務局に参加させられる態勢をとり、それぞれの業界内でも市場開拓セクションの機能と権限を高めるよう努力すべきである。
六、戦略物資とのバーター
　農産物ストックは、変質しやすく貯蔵コストも高くつく。そこで海外の戦略的物資で、変質せず保存も安上りなものとバーター貿易で交換するのも一つの方法である。また海

外の援助救済計画に、最大限の余剰農産物を含めることも重要である。

この他報告書では、「海外市場開拓のためには、まず海外の消費者の嗜好を徹底的に分析する」必要性を指摘し、最後に「どんなことがあっても、ダンピング輸出を行なってはならない」とクギをさして結んでいる。

「PL四八〇」の成立

ボールズ氏たちの提言を受けてPL四八〇は、一九五四年七月十六日、アメリカ第八十三議会で可決、成立する。正式名称は「農業貿易促進援助法（The Agricultural Trade Development and Assistance Act)」と言ったが、人びとは「余剰農産物処理法」とズバリの名称で呼んだ。

同法は三つの条項から成っていた。
一、余剰農産物の外国通貨による売却。販売代金はアメリカが当事国内で現地調達などに一部使用するが、残りは当事国の経済強化のための借款とする。
二、災害の救済などのための余剰農産物の無償贈与。
三、貧窮者への援助および学校給食に使用することを目的とした贈与。外国産の戦略的物資・サービスとのバーターも含む。

この中で最も重要なのは第一条項である。平たく言えば、この法律によって受け入れ国はドルを使わなくても農産物が買えることになった。たとえば日本なら円で支払えばいい。しかも、代金の一部はアメリカが日本国内での買いつけなどに落してくれるし、残りの代金は後払いで、さし当り日本国内の経済開発に使えるというところがミソである。〝必要は発明の母〟と言うが、うまいことを考えたものである。

このPL四八〇は、余剰農産物の重荷に耐えかねたアイゼンハワー農政の切り札であった。大統領は、この法律を誕生させるまでに、海外視察団を送り出したほか、六〇以上の農業政策団体、五〇〇人以上の農業指導者から意見を聞いたという。また、この第八十三議会には、これと似たような趣旨の法案が八七も提出されたというから、いかに官民こぞって余剰処理に懸命であったかがうかがわれよう。

この頃、国際小麦市場では、主要輸出国同士が、価格ダンピングの泥仕合を演じ始めていた。二月にカナダがブッシェル当り七セントの値下げを発表すると、アメリカ政府も輸出補助金を追加してこれに対抗し、さらにオーストラリアも参戦してきた。小麦の国際カルテル的存在であった国際小麦協定からは、大輸入国であるイギリスがすでに脱退していた。

PL四八〇は、こうしたダンピング合戦から自国の余剰農産物を守る防衛的な狙いを持っていた。一方、余剰処理で生まれた資金をアメリカの世界政策に利用しようとするのが、積極面での狙いであった。したがって、相手国への借款とはいっても、その使途については両国政府が「自由主義陣営の経済強化」につながるように前もって話し合って取り決めるというただし書きをつけた。〝冷たい戦争〟のさなかである。PL四八〇の運用は、「共産圏の封じこめ」という大目的の枠の下にあった。その前のMSA（Mutual Security Act―相互安全保障法）援助でも、アメリカはイタリアで現地買付けを行なうにあたって、ある精密機械工場にいったん発注したにもかかわらず、工場内に共産主義者がいるというだけの理由でこれを停止にしたことがあった。また一九四九年、大不作のインドが食糧援助を求めた時も、インドの親中国政策を理由に、アメリカはすぐにはその要請に答えなかったのである。

そしてもう一つPL四八〇には重要な狙いがあった。余剰農産物の販売代金の一部は、アメリカが受け入れ国の中で現地買いつけなどに使うほかに、アメリカ農産物の市場を開拓するためにも使うことが決められていた。

アメリカは一時的に余剰農産物をさばくだけではなく、その処理で得た資金を使って、先ざきの農産物需要を喚起する手がかりをつくろうと考えたのである。いわば将来のために、相手国内に「市場開拓」の種を播いておくことが狙いであったが、これがあとで物を言うことになる。バウム氏や曾根氏が話していた農務省資金は、ここから捻出されることがＰＬ四八〇で権威づけられたのである。

ＰＬ四八〇で処理される余剰農産物は総額で一〇億ドル（当時の三六〇〇億円）。これが向う三年に分けて使われることになった。外国通貨による売却の他にも、無償で支給される贈与の条項もある。この年の秋、各国政府からワシントン詣でがあいついだ。もちろん、その中に日本国代表団もいた。

霞が関の思惑〝食糧と外資の一挙両得〟

首相特命の極秘プロジェクト

昭和二十九（一九五四）年一月十八日、ベンソン農務長官がPL四八〇の法案上程を初めて表明した時点から、日本政府の受け入れ準備はあわただしく始まっていた。アイゼンハワーの余剰農産物処理計画が、つづく一月二十一日の予算教書でも言及されると、ワシントンの日本大使館は大騒ぎになった。急いでドッジ予算局長に面会を求め、詳細内容の打診が行なわれた。

「総額で一〇億ドルもの食糧がドル（外貨）なしで買えるらしい。しかもツケ払いで国内経済の開発資金に使えるようだ。一部は、タダでもらえる可能性まである」

一月末、ワシントンの武内公使は、いち早く霞が関に打電してきた。

二月六日、農林省の東畑四郎事務次官は吉田茂首相に呼び出され、緊急に調査を開始するよう命ぜられた。

農林省内に極秘のプロジェクト・チームが組まれ、精鋭の若手官僚が集められた。武田誠三氏（現米価審議会会長）や森整治氏（のちの水産庁長官）らも加わった。東畑次官が自ら指揮し、チームはデータ集めやアメリカ議会での審議内容の研究に没頭する。

余剰農産物の受け入れをめぐって、農林省内では激しい議論も行なわれた。「アメリカの余りものを押しつけられて、結局は日本農業が押し潰されてしまうのではないか」というきびしい指摘も一部にはあった。しかし、「血の出るような外貨が節約できるのなら、こんなチャンスはない」という現実論も強かった。特に前年度の稲作は極端な不作で、「人造米」までがマスコミをにぎわせた時である。当時、日本はサンフランシスコ講和条約の発効にともないガリオア・エロアの援助資金を打ち切られ、独力で食糧輸入にあたらなければならなかった。その食糧輸入は日本の総輸入額の三〇パーセントを占め、慢性的な外貨不足の最大の要因になっていた。

しかも、農林省では愛知用水や八郎潟などの農業開発計画を練っている最中であった。かつてない大規模開発の最大の隘路は資金不足であった。余剰農産物受け入れの見返り資金を農業開発に使えるなら、一挙両得になる。愛知用水事業にかけていた東畑次官も受け入れ推進派であった。

そして何よりも「おん大将」吉田茂がこの受け入れに乗り気であった。総理大臣の〝ゴー・サイン〟が出ていたのである。この頃、国内の政情は不安定で、さしもの長期ワンマン政権も崩壊寸前とささやかれていた。PL四八〇によって巨額の経済開発資金を引き出し、朝鮮特需を失ってあえいでいる財界の期待に答えよう——吉田首相は己れの人気回復をこれにかけていた。

この前年の十月、池田勇人・自由党政調会長は首相特使としてワシントンに飛び、ロバートソン国務次官補との間で一か月間にわたるMSA交渉を行なっている。宮沢喜一氏も同行したこの会談で、日本側は軍事力増強とひきかえに、いくばくかの経済援助を引き出そうとねばった。だが、手土産は余剰小麦受け入れの五〇〇〇万ドルだけで、しかもその八割はアメリカ側使用分であった。この見返り資金を「不況の突破口」として大いにアテにしていた財界は、日本側の使用分がたった一〇〇〇万ドルしかないのかと吉田政権に不満をぶっつけたものである。

ここでMSA小麦についてふれておく必要があろう。そもそもMSA法とはアメリカが一九五一年に、それまでバラバラであった一連の海外援助を、一つの軍事援助体系にまとめあげたものである。

MSA法は、被援助国の軍事義務を謳っており、池田＝ロバートソン会談でまとめられた日米MSA協定も、日本の再軍備を推進するのが第一の狙いであった。

しかし、農産物の余剰が表面化した一九五三年八月、アイゼンハワーはMSA法第五五〇条を改正させ、この軍事援助法に余剰農産物の処理をもぐりこませている。余剰農産物の販売代金を受け入れ国の通貨で積み立てさせ、それをアメリカが軍事援助、軍事物資買い付けに使用する。そして一部は受け入れ国が自国の軍事産業育成などに使用ができるようにした。池田特使一行はこの改正されたばかりの五五〇条に着目し、余剰小麦を買い付けることにより見返り資金を引き出そうとしたのであった。

ＭＳＡ法第五五〇条はＰＬ四八〇が誕生するまでの過渡期の産物と言ってもよかろう。外国通貨による売却方式は、ここに初めて姿を見せる。だが、ＭＳＡ法が本来的に軍事目的を一義とする以上、この条項改正で処理できる農産物の量は知れていた。事実、このＭＳＡ法による農産物販売の評判は悪く、「食糧がドルなしで入るのはありがたいが、多くの軍事義務をともなうのは重荷である」と敬遠する国が、特に発展途上国には多かった。

軍事色を最小限にとどめ、しかも相手国が使用できる資金配分を高めることによって、余剰農産物の処理実績を一挙に高めようとしたのが新立法ＰＬ四八〇であった。

「今度は産業開発資金を目いっぱいに引き出して、緊縮財政を補おう」

前回のＭＳＡの不評を挽回し、財界の人気をつなぎとめようと、吉田総理の大号令がかかったのである。

余剰農産物受け入れ交渉

昭和二十九（一九五四）年十月、余剰農産物受け入れ交渉に臨む政府使節団が渡米した。団長は愛知揆一通産大臣で、宮沢喜一議員、武内外務省欧米局長らにまじって東畑四郎農林次官も同行した。一行はアメリカの当局者と予備交渉を進め、十一月に訪米を予定している吉田首相の到着までには大筋の合意をとりつける方針であった。彼らの出発に先立って関係諸官庁では何回も協議が持たれ、見返り資金の配分計画までを含めて日本側の腹案はまとめられていた。その内容は「受け入れ総額は一億三〇〇〇万ドルを要望する。その三分の二は贈与、つまり、タダでもらう。残り三分の一を長期借款とし、その全額を日本側使用分とする」というものであった。

ワシントンに到着すると、すでに各国からの代表団が乗り込んでいた。日本以外に受け入れ申し込みをしている国は一四もあった。その中で日本が提示した要望額の一億三〇〇〇万ドルは、アメリカが初年度の総枠と考えている三億ドルの四〇パーセントにも達するものであった。しかも「贈与を三分の二。買いつけ代金の全額を日本の使用分」とするのは、あまりに虫がいいと一蹴され、交渉は初めから難航する。

この交渉にあたって、アメリカ側には国務省・農務省・商務省・対外活動本部（FOA）・連邦予算局の関係五省庁で構成される余剰農産物処理委員会ができていた。委員長は大統領顧問のクラレンス・フランシス（バヤリースオレンジ会長）であった。PL四八〇は農務省が所管する農産物を処理する法律であるが、その代金使用については各省の共管で行なうことを規定していた。

日米間の代表折衝が進み、日本側が妥協して次のような大枠まで煮つまった。

日本の受け入れ総額は一億ドル（当初の日本側要望は一億三〇〇〇万ドル）とし、そのうち贈与分を一五パーセント（同六七パーセント）、買い付け分を八五パーセント（同三三パーセント）とする。

だが、八五〇〇万ドルの円貨買い付け見返り資金の使用取り分をめぐって交渉は難航を続け、アメリカ側からは日本政府が使えるのはその半分にも満たない三九〇〇万ドルにしたいと提示してきた。日本側は激しく抵抗した。吉田首相の訪米までにまとめあげたかったが、これではMSAの二の舞で〝手土産〟にもならないではないか。

アメリカ側もなかなか譲らなかった。それにはアメリカ内部の事情があった。交渉に出席しているどの省庁も、それぞれが独自に日本で行ないたい事業計画を持っているために、仲間同士でこの円資金の分捕り合戦を演じ、容易に日本側の取り分を増やすことに同意しないのである。これでは何回会議を開いても埒《らち》があかないので、ある日の席上で、宮沢喜一氏は「いったいこんなにまでして、アメリカのお手伝いをして、余った小麦を買う必要があるのかしらん」と大声で〝ひとりごと〟を言ってやったものだと、その著書に書いている（『東京―ワシントンの密談』備後会、一九七五年）。

最終的には、日本はあまり買い付けたくなかったカリフォルニア米を含めるなどの妥協をし、日本側取り分を六〇〇〇万ドルにすることで話しはついた。日米双方の円貨使用の細目についても基本的な合意ができ、日米余剰農産物交渉は吉田首相を迎えた十一月十三日妥結する。そして正式には翌三十（一九五五）年五月三十一日、重光外相とアリソン大使が余剰農産物協定に調印して発効するのである。

この結果、日本は二二五〇万ドル相当の小麦（三五万トン）をはじめ綿花、米、葉タバコなど一億ドル（当時の三六〇億円）ものアメリカ農産物を受け入れることになった。このうち五五億円相当が、学校給食用の小麦・脱脂粉乳の現物贈与であった。円貨で買いつけた三〇六億円のうち、七〇パーセントは日本側が電源開発（一八二億円）、愛知用水等の農業開発（三〇億円）、そして生産性向上本部などに配分した。残り三〇パーセントの九二億円については、アメリカ側が駐日米軍用の住宅建設、第三国向けの物資買い付け、そして本論のテーマであるアメリカ農産物の市場開拓に使うことになったのである。

当時の新聞報道を見ると、この市場開拓の一項には何の注釈もつけられていない。しかし、バウム氏たちのアメリカ小麦の宣伝事業は、この時、初めて日本で自由に活動する権利を、法的にも資金的にも保障されたのであった。

東畑元農林次官の述懐

余剰農産物交渉の体験談を聞こうと、私たちは東京麴町の食糧会館に東畑四郎元農林次官（現全国食糧事業協同組合連合会会長）をたずねた。いまなお農業界に影響力を持つ大御所である。氏の記憶力は驚くほど確かであった。

「昭和二十八年のMSA小麦の時はうかうかしていると日本農業を危うくすると思ったが、あのPL四八〇については正直なところ、願ってもない外資導入になると思ったのです。軍事目的のダシにされたんじゃかなわないが、日本の農業開発にその金が使えるなら結構な話じゃないですか。あの頃、愛知用水開発には農林省あげて取り組んでおったし、吉田首相も熱心だった。ところが、世界銀行のドル借款でもまだ資金が足らない。だから、省内でチームをつくって研究したポイントも、アメリカの新しい法律が相手国の農業開発に金を使わせるかどうかということにあった。実は、下院の議事録を取り寄せたらですよ、向うの議員が「これはアメリカの余剰農産物の販路拡大が目的なのだから、相手国の産業開発に金を使わせるといっても、農業だけは除外すべきだ」と盛んに発言しとるのですね。このことが出発前も一番の気がかりでしたな」

東畑氏は愛知用水の建設を成功させることが一番の狙いであったと何度も強調した。

「向うへ行くと、特別の委員会ができておって、バヤリースの会長が座長をつとめていた。早速、私が下院の発言問題を問いただすと彼はこう言ったですよ。「農業開発が日本の国民経済に役立つことであるなら、いちいちそれに反対するほどアメリカはフーリッシュではない」とね。これは安心しましたな。まあ、一か月もワシントンにおったのだからいろいろなことがありました。交渉は大筋については例の余剰農産物処理委員会とやり、細目については各省の責任者と折衝するんだが、かんじんの農務省で誰が決定権を持つ人物かがわからんで苦労しました。一週間かかって、やっと見つけた男が海外農務局の局長代理でアイオアネスといって、まだ若いが骨のある人でしたな」

——そのアイオアネス氏とどんな話し合いをしたのですか？

「一番初めは通常輸入量の算定からですよ。PL四八〇は、通常のドルによる民間貿易を損わないという大前提があったのです。小麦や大麦の一つひとつの輸入実績を割り出して、双方で確認してゆかなくちゃならない。こっちはできるだけドル輸入は少なく見積ろうとするが、向うは占領軍時代に提出させた統計をちゃんと全部ファイルして持っとるんですな。ずいぶん冷汗をかいたですよ」

——愛知用水計画についてのアイオアネス氏の反応はどうでしたか？

「彼の頭には多少、下院の論議がひっかかっていたようですな。「農業開発の必要性はわかるが、まあ全体の一割位の額でがまんしてくれ。それ以上ふっかけると元も子もなくなるから」とむしろわれわれに助言するような感じだったですよ。連中は、用水計画よりは、八郎潟の干拓計画に乗り気でした。そのほうが派手ですからね。アイオアネスがさかんに持ち出してきたのは「農産物の市場開拓費」のことでした。「農務省関係の要求はこれ一本でゆくから応援してくれ」と言ってましたな」

——アメリカの各省間で、ずいぶん縄張り争いがあったようですね？

「それはすさまじいもので、われわれはよく振りまわされたものです。こんなことがあったですよ。交渉も終盤に入り、ほとんどまとまりかけておった矢先に、急にＦＯＡのスタッセン長官が日本の取り分の枠に割り込んで対外活動本部予算を分捕ったというんですな。この知らせを聞いて、私は愛知団長と「これは交渉決裂も覚悟せんとならんですな」とホテルで相談したですよ。一か月もワシントンにおって、もう吉田首相もきとったですから、それは深刻でした。そしたら、夜の一一時頃になって、アメリカ農務省の何とか言う幹部とラデジンスキーがホテルまでやってきて、「グッド・ニュース」だと言ったんですわ。「スタッセンの話をまたひっくり返したから安心しろ」と言って帰ったですよ。

このラデジンスキーという男は、マッカーサーの下で日本の農地改革をやった役人だから私もよく知っていました。とにかく朗報だと言うんで、すぐ愛知さんを起してね。夜の一二時頃だったが「大丈夫だ。決裂せんでいい」と話したら愛知さん喜んでね。「どうしてなんだ」と聞くんですよ。何でも農務省のベンソン長官が、「このままでは、日本との交渉は成立せんかも知らん」とスタッセン側をおどしたら閣議がひっくり返ったというんですな。まあ、たいへんな一夜でした」

——東畑さんは日本使節団ではどんな役割と権限を持っていたのですか。

「私は農林省の次官だったが、綿花（通産省所管）、葉タバコ（大蔵省所管）、学校給食（文部省所管）のそれぞれについて各官庁から委任を受けていた。団長はあくまで愛知さんだが、彼にはガリオア債務とか防衛問題など懸案の交渉事も多々あったから、余剰農産物受け入れについては私がもっぱら事にあたったわけです。愛知さんとはよく相談したものだ。「国防省に円を使わせるなら、駐日米軍の住宅建設がもってこいだ。住宅なら米軍が撤退した後も使える」と言い出したのも愛知さんだったね。交渉の最後に字句の修正でもめた時も二人だけ残りましてね。妥結書に「見返り資金は日本の産業開発に使う」と書いてあるんだが、これじゃ私は帰れない。英語で産業（industry）と言えば農業も入るが、日本語じゃそうはいかん。「農業を含む産業開発」にしろとねばったですよ。向うじゃそんな英語があるものかと首をひねったが押し通しました。おかしな英文だが、直訳調で industry including agriculture と修正したのを見とどけて空港に駆けつけたら、もう飛行機は離陸寸前だったですよ」

——いまふり返って、余剰農産物協定をどう評価していますか。

「交渉から帰った時も野党議員からつるし上げにあったが、私は日本農業を圧迫したとは思っていませんね。出発の時から農林省内では「あれだけ農業に専念してきた人が、最後に余剰農産物を買いに行くとは何たる因果か」と心配してくれる人もありましたがね。大和田啓気さん（現農用地開発公団理事長）も「えらい運命ですな。役人は」などと言ったもんです。しかしですよ、あの資金がなけりゃ愛知用水はスタートできなかったんですよ。

八郎潟開発も、もっと遅れたかも知れない。あれだけ長期低利の外資導入を農業分野でやったのは初めてだったのです。私はその年の十二月に退官したけれども、その点だけは今でも誇りに思っていますよ」

——あの頃、大量に入った小麦が今日の日本人の米離れの一因になったとも言われますが……。

「それはあの贈与小麦でパン給食を推進したりしたわけだから、私にもその意味では責任の一端はあると思いますよ。しかし、あの時は不作で、食糧輸入はどっちみちしなきゃならん時代だったですよ。これは責任転嫁じゃないが、ここまで農産物の輸入依存を野放しにしたのは、その後の農政の誤りだと思いますね」

東畑四郎氏は最後をきっぱりとした口調で結んだ。氏はいま、米穀卸売業界のリーダーとして米の消費拡大を推進する立場にある。かつてない巨大農業開発とされた愛知用水は、都市化の中で工業用水と化し、もう一方の八郎潟では毎年のように青刈り騒動が繰り返されている。

余剰農産物交渉のその後

さて、話は戻るが、私たちはワシントンのアメリカ農務省の一室で、日米余剰農産物交渉のもう一人の当事者レイ・アイオアネス氏を待っていた。農務省の日系人のイソ氏がここで彼と会見する約束をとりつけてくれていたのである。

アイオアネス氏は口笛を吹きながら部屋に入ってきた。フットボールで鍛えたという堂々たる体軀で、その目つきは相手を威圧する鋭さを持っていた。部屋まで案内してきたドン・ルーパー課長が緊張して小さくなっている。聞くと、アイオアネス氏は数年前に退官するまで一二年間も海外農務局長のポストにあり、アメリカ農務省の国際畑に君臨した大ボスであったという。日本にも一〇回ほどきたことがあり、グレープフルーツの対日自由化も彼がまとめたものであった。

一瞬、気おくれしながらも、「PL四八〇について伺いたくて参りました」と切り出すと、「それもいいが、他にも私のやった業績がたくさんある。貿易自由化の日米交渉については聞きたくないのか」と不満気に、在任中の資料や写真をとり出した。その中に一枚の気になる写真があった。グレープフルーツの自由化が決った時のものであろう。握手する二人の男が写っている。一人はサンキスト社の重役で、そしてもう一人は、あの東京ラウンド交渉で名を馳せた牛場信彦元駐米大使であった。

——余剰農産物交渉の模様を話していただけませんか。

図6　レイ・アイオアネス元農務省海外農務局長　ゆび指しているのは牛場信彦元駐米大使

「とにかく一ダース以上の国の代表がやってきたのだから、大忙しだった。東畑さんは強く印象に残っている。頑固な農本主義者という感じで、「日米双方の農業に、メリットになるようにしよう」とバランス論をぶってきた。用水計画には特に固執していた。私のほうとしては、この円資金を使ってアメリカ農産物の市場開拓をやることに力点を置いていた。この点について東畑さんも理解と同情を示してくれ、協定の中に盛りこまれるようになった。この資金は後にオレゴン州の小麦生産者団体が栄養改善の運動などに使って、たいへんな成功を収めており、私は大いに満足したものだ」

——PL四八〇の果たした役割をどう評価されますか。

「PL四八〇は、単なる過去の法律ではない。一九六七年に、「平和のための食糧計画」と名称を変更し、いまなおアメリカの対外農業政策の重要な柱として継承されているものだ。

この法律によって、初期の一二年間に一五〇億ドルの余剰農産物が処理された。これはその期間の全農産物輸出額の二六パーセントにも相当するものである。ドルがなくても買えるという道を切り開いたことにより、アメリカは海外の潜在需要を有効需要に転換させることに成功したのだ。しかも、その代金はアメリカの世界政策遂行に運用ができたし、自由主義陣営諸国の経済強化にも役立った」

――余剰農産物の初期の受け入れ量は、日本が特に多いようですが。

「われわれは、余剰処理を各国一律に割当したわけではない。あの頃、日本に対してはアメリカの各省でやりたいことがたくさんあった。農務省でやりたいことはもちろん市場開拓である。そして日本側でも最大限の財政投融資の財源を要望していた。だから、日本に対しては一億ドルというずば抜けて高い額に決ったのだ。二番目はイタリア、ユーゴスラビアの六〇〇〇万ドルで、その下になるとパキスタン、トルコの三〇〇〇万ドルだから、いかに日本に対して重きを置いたかがわかるだろう。

日本は、そうしたわれわれの期待通りの成長を遂げた。PL四八〇での買付けはそのあと一回で卒業し、すぐさま現金買いの客に出世した。アメリカの下院が「日本の農業復興を助けてはならない」などと言ったこともあるが、それは杞憂だった。PL四八〇の見返り資金が日本の産業開発を進め、今や世界的な工業先進国になったことは祝福すべきではないか」

日米余剰農産物交渉は、若きアイオアネスにとって最初の檜舞台であった。その後はトントン拍子で出世し、次つぎと農産物貿易自由化を推進してゆくことになる。一方、東畑四郎氏にとっては、この交渉が農林次官として最後の仕事となった。

愛知団長と東畑氏が「産業」の字句修正で、最後の詰めに入ろうとしていた頃、いそいそと帰国の仕度にかかるグループがあった。その前夜、東京の池田勇人幹事長からワシントンの宮沢喜一氏あてに、緊急の電話が入っていた。「日本の政情が急転回し、非常に複雑な段階に入っている。吉田首相の「帰国の筋書き」を打ち合せたいから、一足早く帰ってこい」というのである。

東京では鳩山一郎氏擁立の気運が高まり、吉田自由党の反主流派である岸・石橋両氏が除名脱退し、重光改進党との間で新党結成の準備が着々と進んでいた。宮沢氏は、首相に随行してきていた佐藤栄作氏とともに十一月十四日帰国している。

そして、十一月十七日、吉田首相は、余剰農産物交渉妥結の手土産を持って、上きげんで羽田空港に降り立った。長期ワンマン政権の吉田内閣が総辞職するのは、その三週間後のことであった。この時、保利茂農相の退陣にともない、東畑四郎氏も農林省を去る。新しい鳩山政権下で農林大臣になったのは、かの河野一郎氏であった。

河野農相は、第二次の余剰農産物受け入れに熱意をもやし、昭和三十（一九五五）年九月、自らワシントンに飛んで交渉に臨んだ。河野氏は出発前に「見返り円の日本側取り分を前回の七〇パーセントから今度は八〇パーセントに高めてみせる。さらにそのうち半分を農業関係で使う」と豪語していた。

公式交渉はたったの三日間で終わり、買付け総額は六五八〇万ドルと決った。そのうち日本側取り分は七五パーセントで妥協したが、農業関係で半分使うという公約については、アメリカ側の了解を取り付けてきた。この結果、農漁業開発事業として、愛知用水などの継続事業のほか、新たに漁港整備、肥料・甜菜工場などに資金がまわされた。農林大臣管轄下のこうした予算運用にあたっては、たとえば漁港建設の名目で、農相の地元の観光施設づくりにも金がバラまかれたなどと、河野大臣の周辺には利権がらみの噂が絶えなかった。

翌昭和三十一（一九五六）年、河野農相は第三次交渉にも意欲を示したが、日本経済は神武景気に入っており、国際収支も好転し、国内財政資金にも以前ほど事欠かなくなっていた。大蔵・通産両省は、河野氏が前回の交渉で必要以上の葉タバコ・綿花を買わされたことに不満を持っていた。結局、第三次交渉は、十二月の石橋内閣誕生＝河野農相退陣を機に打ち切られることに決った。

こうして日本は、ＭＳＡ小麦も含めれば、前後三回にわたって、総額で二億ドル（当時の七二〇億円）以上のアメリカ余剰農産物を、通常貿易量の上積みとして受け入れたことになる。昭和二十九（一九五四）年度の一般会計予算が一兆円の時代であるから、その額の大きさがわかろう。中でも小麦の受け入れは一億ドルと群を抜き、この時ふくらんだ輸入規模は、その後、日本の稲作が大豊作の時代を迎えることになっても縮小することはなかった。

大量のアメリカ余剰小麦が押し寄せてくることに大きな危惧を抱いた人もないではなかった。この頃、農林省詰めの新聞記者であった早稲田稔氏によれば、昭和三十年十二月に、農林省自身の刊行文書（農林大臣官房調査課『過剰農産物裡の日本農業』）がこう記しているという。

「過剰農産物の圧力は、国内の農産物価格に影響し小麦の価格体系を歪め、さらには現行食糧管理制度の機能を揺がしており、また他方、従来からの日本農政の伝統であった食糧増産対策の緊急度を低からしめ、食糧の海外依存思想をようやく強からしめている。従来からの食糧の国内自給度の向上、ならびに農業所得の維持等の原則が揺さぶられてきたわけである。

のみならず余剰農産物見返り円による米国の日本における小麦市場の開拓措置も、内地米の領域に対する、外国小麦の攻略であり、いずれにしても食糧増産を中心とした今後のわが農政はますます多事多難となるであろう。（傍点―筆者）」

国際分業論の兆しをきびしく批判したこの論文は、余剰農産物受け入れの推進論者であった河野農相の耳に入り、配布を禁じられたと早稲田氏は記している。

この論文が書かれたころ、あの〝小麦のキッシンジャー〟ことリチャード・バウム氏は幾度も来日し、農林省などの政府機関をたずねまわって、アメリカ小麦宣伝の大キャンペーン計画の根回しに取りかかっていた。

この論者が指摘した通り、「米国の小麦市場開拓措置が内地米の領域に対する、外国小麦の攻略」となるまでに、そう長くはかからなかったのである――。

日本市場開拓計画の立案

オレゴン小麦栽培者連盟

ＰＬ四八〇の議会通過を最も喜んだのは、アメリカ西海岸・オレゴン州の小麦農民であった。全アメリカが余剰小麦の滞貨に頭を痛めていたが、オレゴンの悩みはまた特別であった。

オレゴン州は東をロッキー山脈にさえぎられており、ニューヨークなど東海岸の大消費地に小麦を捌こうとしても輸送コストで太刀打ちできなかった。そこで彼らは早くから、太平洋のかなたの潜在市場・日本に着目していた。海外の小麦市場を開拓する必要性を、他のどこよりも痛切に感じていたオレゴンの農民は、ＰＬ四八〇の制定に全力をあげて取り組んだ。地元選出の上院議員を動かし、さまざまな公聴会にも積極的に参加した。彼らの活動基地は、オレゴン州ペンドルトンにあった。

アメリカ西部小麦連合会本部のあるポートランドから、セスナ機で一時間ほど東に飛ぶと、一面の小麦畑の真ん中にペンドルトンの街並みが見えてきた。一九五九年に、アメリカの他の州がこの市場開拓計画に加わって、今日のアメリカ西部小麦連合会が発足するまでは、バウム氏もこの町のオレゴン小麦栽培者連盟で活動していた。そのためか、対日工作の初期の文書記録はほとんどがこのペンドルトンにあるという。私たちの訪問の狙いの一つはそこにあった。

オレゴン小麦栽培者連盟の事務所で事務局長のアイバン・パッカード氏に会った。氏は古い資料や写真をファイルボックスから出してから、組織の歴史について語り始めた。

「わが連盟は、一九二六年に小麦農家の利益を守るために結成されましたが、海外市場を意識し始めたのは第二次大戦後のことです。オレゴン州は地理的に決定的なハンディキャップを持っていますから、余剰時代への対応は、他のどの州よりも早かったのです。終戦直後の一九四五年の夏には、地元有志が「小麦処理と市場開拓に関する特別委員会」をつくり、議論の結果を翌年の連盟大会でこう報告しています」

パッカード氏は、古い機関紙をとり出して読みあげた。

「今の市場の好況が永遠に続くと期待することはできない。われわれ小麦生産者は今のうちに行動を起さねばならない。余剰が表面化する前に、それにどう取り組むべきかの計画をたてておかねばならない。そのための原資として、州内の小麦生産者からブッシェル当り〇・五セントの課徴金を集めることを提案する。これは州法として権威づけ、強制参加を求める形にするのが望ましいと思われる」

この頃はまだ世界的に食糧難で、アメリカの小麦価格も堅調を保っていた時代である。彼らはその中ですでに、来る余剰時代に備えていたのであった。小麦課徴金制度はオレゴン州議会で可決され、小麦栽培者連盟は、年間に七万五〇〇〇ドル（当時の二七〇〇万円）の活動資金を手にすることになる。パッカード氏は話を続けた。

「連盟では、余剰対策に専任のスタッフを雇って、生産・加工面の改良研究や市場問題に取り組み始めます。まず初代の運営部長としてE・J・ベル氏が加わり、翌一九四八年九月には、大学を出たばかりのリチャード・バウム氏が、市場アナリストとして採用されています。

こうしてバウム氏はオレゴン小麦栽培者連盟に加わった。この頃になるとヨーロッパ諸国は戦災から立ち直り、小麦の余剰の兆候がジワジワと農民たちの肌に感じられ始めていた。そこで彼らは遂に行動に出た。

一九四九年秋、オレゴン農民は初代運営部長のベル氏を、東南アジアの市場調査に四か月にわたって派遣したのである。アイゼンハワーがボールズ氏らを送り出す五年前のことであった。パッカード氏が見せてくれた当時のベル報告書には、「アジア各国、特に日本では小麦食品の消費が十分に伸びる可能性があり、そのためには積極的なプロモーションを実施し、小麦の栄養価値・簡便性・経済性をPRすることが必要である」と書かれてあった。

もしも、この翌年に朝鮮戦争が起こっていなかったら、彼らの対日工作はもう少し早まっていたかも知れない。ベル報告書の提言は、戦争ブームが終わる一九五三年まで、しばし棚ざらしとなる。

朝鮮の戦火がおさまった後の、小麦相場の暴落はすさまじいものであった。ついに狼はやってきた。オレゴン農民は、ＰＬ四八〇の成立を首を長くして待った。この法案が通れば、ベル氏が提言した市場開拓作戦を国家の資金を使って実行に移せるのである。

一九五四年七月、ＰＬ四八〇が遂に発効すると、彼らは外国政府との交渉妥結を待たずに、早速調査団を派遣することを決めた。オレゴン小麦栽培者連盟に入って六年の経験を積んだリチャード・バウム氏にとって、その腕前を発揮する時がやってきたのである。


一九五四年九月、リチャード・バウム氏は初めて日本の土を踏んだ。彼の来日目的は、もはや単なる市場視察ではない。いかにしたらアメリカ小麦を売りこめるか——。その具体的作戦プランを練りあげるために乗り込んできたのである。

羽田に着いたボーイングのプロペラ機からは、当時三十一歳の若きバウム氏と並んで、二人のアメリカ人が降りてきた。アール・パロック氏はアメリカ農務省からお目付け役として、そしてもう一人は案内役として全米製粉協会から派遣されたゴードン・ボールズ氏であった。ボールズ氏はこの五月にもアイゼンハワー大統領特命の市場視察員として来日したことはすでに述べた通りである。

一行三人は、農林・厚生・文部などの関係官庁や商社・製粉業界などと精力的な下打合

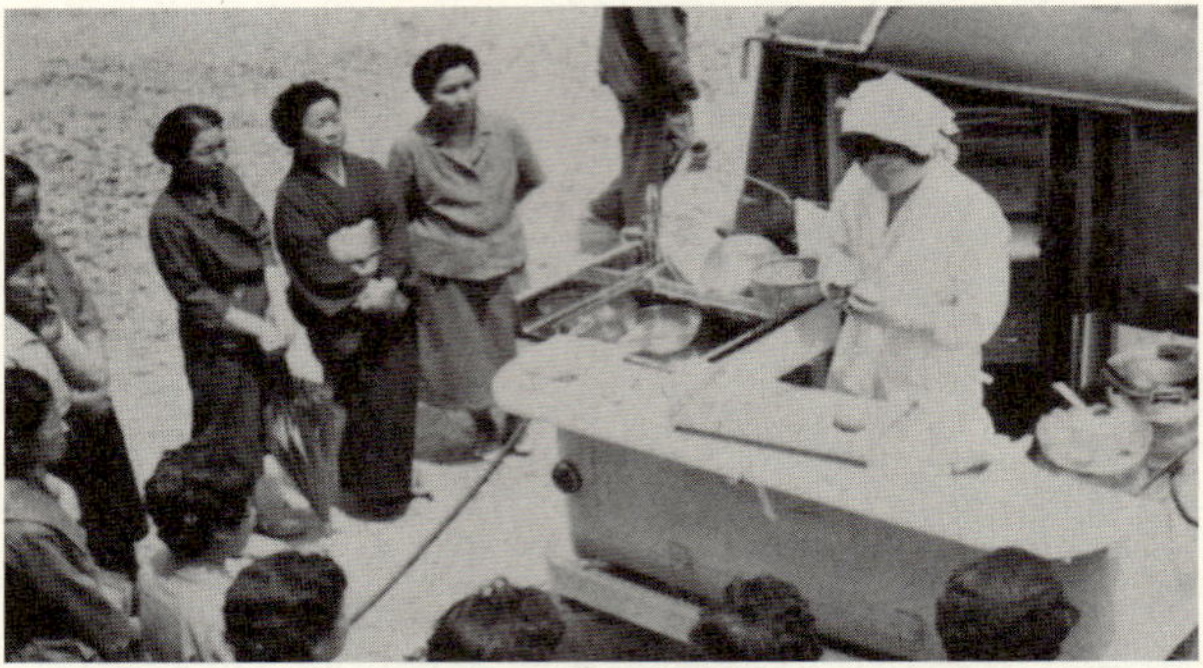

図7　栄養指導車（キッチンカー）　栄養ならびに調理方法や調理器具についても詳しく説明し，農村漁村地帯に食生活改善の意欲を高めた

せに入った。

「日米政府間で受け入れ協定が結ばれたならば、新しい市場開拓資金ができる。この金を日米共通の利益のために使おうではないか。日本人に小麦食品を普及させることは、あなたたちのメリットにもなるはずだ。パンでも、めん製品でもいい。何か効果的な宣伝方法はないものだろうか」――バウム氏は熱心に説いてまわった。

三人が来日して間もなく、愛知・東畑使節団が余剰農産物交渉に出発した。世間の目はワシントンに集中し、バウム氏たちの下工作が、ひざ元の東京で進行していることに気づく人は少なかった。この準備工作は、東南アジア訪問も含めて二か月間に及んだ。その中で彼らが得た最大の収穫は、キッチンカーの存在を知ったことであった。

東京の日比谷公園で開催された日本農機展に、

一台の奇妙なバスが陳列されていた。古い廃物の都バスを改造し、中に調理台を積み込んだだけの粗末な試作品ではあったが、バウム氏はこの〝動く調理車〟の効用を見逃さなかった。「これを作ったのは誰か」とたずねると、厚生省・栄養課長の大礒《おおいそ》敏雄なる人物があらわれた。大礒課長は「わが厚生省では国民の栄養水準を高めることがいちばんの課題になっている。この調理バスをたくさん作って、食生活の遅れた地域をくまなく巡回したいのだが、いかんせん予算がつかないのだ」とバウム氏に事情を話した。バウム氏は「これだ」と叫んで、大礒課長の手を握った。

二通のマル秘報告書

実際にキッチンカー・キャンペーンがスタートを切るのは、昭和三十一（一九五六）年秋である。大礒栄養課長との出会いから丸二年もかかっている。この間、バウム氏は農務省のパロック氏と二人で再三来日を繰り返しているが、準備作業にどうしてこれほどの時間がかかったのだろう。オレゴンの生産者たちは、政府間交渉さえ始まらないうちにバウム氏を送り出したというのに……。この疑問を直接バウム会長にぶっつけてみた。

バウム会長は「何ごとも初めは時間がかかるものだ」と前置きし、「日本の農林省が初めはあまり乗り気でなかった点もあったが……」と言葉を濁した。この空白の二年間については、ふれられたくないようすであった。

私たちはペンドルトンの小麦栽培者連盟事務所で二通の報告書を発見し、初めてこの時の真相を知った。バウム氏らは、農林省の強い抵抗にあい、立往生していたのである。ここにその報告書の要約をかかげることにする。「部外秘」と銘打たれたこの報告書は、バウム氏とパロック氏の連名で、オレゴン小麦栽培者連盟とアメリカ農務省あてに送られたものである。

〔報告I〕一九五五年十月二十七日　東京

十月九日に来日してから十八日間が過ぎたが、唯一の障壁がまだ破られない。問題は農林省の頑固さだ。農林省は、小麦の市場開拓をすべて自分たちに任せろと言ってきかない。こうした事業は日本政府が行なうのが筋で、アメリカの産業団体の監督は無用だと言う。原資二百万ドル（当時の七億二〇〇〇万円）のすべてを委ねてもらえば、農林省がうまく諸官庁や業界に配分して運営してやると頑張るのだ。農林省は、この資金がアメリカ政府の金で、アメリカの目的のために使われるものだという事実を全く無視している。そのうえ、われわれがすでに厚生省と話をまとめ、ワシントンの承認まで取りつけてある事業に対して、農林省はそれを自分たちの所管事業にせよと指示してきた。さらに一四の新たな事業項目もつけ加えてきている。その中には受け入れていいものもあるが、いくつかは、小麦の市場開拓に役立つというより、農林省自身の勢力拡大を意図しているもののようにみえる。農林省が市場開拓事業を支配しようと企てるのには底流がある。農林大臣の河野一郎氏は、日本一の政治力を持つ男として知られ、全く冷酷で極度に野心家であるとの風評が高い。信頼すべき実業家の話によれば、河野氏は自分の地位を利用しては、彼個人のふところや党に入る利得をかせぐのが常であるという。そんな評判もある以上、農林省からの申し出には、細心の注意と調査が必要だろう。

これと対照的に、厚生省は実に友好的で協力的である。この省は栄養政策を担当し、四六都道府県に七八二の保健所を持ち、一万二〇〇〇人の栄養士を動かしている。彼らはこの一〇年間、食生活改善運動を進め、もっと野菜・魚・小麦・乳製品を食べなさいと指導してきている。キッチンカーなる調理バスもすでに試作された。われわれの計画の一つは、厚生省の栄養改善運動を、このキッチンカーの供与によって拡大強化しようというものだ。ところが、農林省はこれに異議を唱え、農林省の生活改良普及員組織を活用したほうが、もっとうまくやれると主張する。これまで何の実績もないくせにである。

われわれの要請によって、日本の小麦関連業界は「小麦販売促進協議会」を組織した。この協議会が担当する事業として、パン職人の研修と小麦食品の全国宣伝キャンペーンを準備してきた。ここでまた農林省が口ばしをはさんだ。アメリカが日本の他の団体と、直接に事業契約を結ぶのはまずいと言うのである。農林省には食糧庁という部局があり、国民の食糧管理はすべてその管轄下にある。その権限の一部たりとも失う危険は冒したくないという。不運なことに産業界の人びとはこの農林省に逆らうことにはたいへん憶病である。

われわれは、この縄ばり争いの問題に対して、外交的アプローチも続けている。駐日アメリカ大使館のタモーレン農務官は、日本の関係官庁を集めて「あなた方自身で、どの事業をどの省庁が担当するか決めてくれ」と要請した。それからもう何週間もたっている。今となっては、この市場開拓事業の全権限が農林省にあるものではないということを知らしめることができない限り、各省庁間の合意は不可能であると思われる。これまで煮つめてきた第一期事業案は、総費用が約一〇〇万ドル（当時の三億六〇〇〇万円）で、内容的にも有効でバランスのとれたものと自負している。残された障壁は農林省だけだ。何よりもこのPL四八〇にもとづく円資金がアメリカに属するもので、使途を決めるのもアメリカであることをわからせることが先決だ。これは贈与でも借款でもない。われわれは進言する。アメリカ農務省は、よしんば日本の農林省からの承認が得られなくとも、他の団体との事業契約を断行すべきである。万が一、すべてが農林省の支配下に帰することになれば、それは何の市場開拓にも役立たないであろう。

第一報は、まるでいじめられた子供が親に泣きついているような文章である。若きバウム氏の狼狽と興奮ぶりが目に浮かぶ。農林省がつれない態度をとった背景には、PL四八〇交渉の当事者であった東畑次官が、すでに退官していたことがあげられよう。また、バウム氏らが不慣れで、農林省の中堅クラスとばかり折衝していたふしもある。

さて、それから一か月後に第二報が発信されている。これは一転して喜びに溢れた文体で始まる。

〔報告Ⅱ〕一九五五年十二月二日　東京

この報告書を、帰国まぎわの宿舎で書いている。滞在期間五五日。日本の諸官庁、産業団体はついに一一の事業項目を承認した。すでに伝えた通り、農林省はこの事業が彼らの指揮下で行なわれるものでないことに、なかなか気づかなかった。しかし、一通の手紙が彼らにそれを悟らせた。農林省は、河野大臣の名で直接アリソン駐日アメリカ大使に手紙を出した（タモーレン農務官を無視し、われわれの頭ごなしにである）。アリソン大使は大臣への返信で、これはアメリカの金であること、その使い途を決めるのはアメリカ農務省であることをきびしく指摘した。この返信を受けてから、農林省の職員たちの態度に変化があらわれた。彼らは、これがアメリカの事業であることを悟ったようだ。交渉の責任者はタモーレン農務官であり、われわれはその指導下で活動していることも認識した。完全に協力的な態度になったというには早過ぎるが、すくなくとも彼らの権限には一定の限界があることを知り、前より友好的に接してくるようになった……。

よほど苦労したのだろう。バウム氏らは、日本人に対して使う用語の注意まで書き添えている。アメリカの「supervision（監視）」とか「direction（指図）」などという表現は、直訳されると英語の持つ響き以上に刺激的になるようだから気をつけたほうがいいと書いている。

（報告の英文ならびに訳文は巻末参照）

当時の農林省内には「アメリカの宣伝の片棒をかつぐのはいやだ」という空気がかなり強かったようである。すでに述べた農林省大臣官房調査課の文書が「米国の小麦市場開拓措置」を批判したのは、ちょうどこの二通目の報告書が出た頃であった。ひょっとすると、この論者こそ、バウム氏との折衝でわたり合った農林省の当事者であったかも知れない。結局は、アリソン大使の親書を受けた河野農相の一喝で農林省内の抵抗はおさまった。アリソン大使がどんな文面で「厳しい指摘」をしたか知る由もないが、河野大臣は自分がまとめてきた第二次余剰農産物購入交渉の正式協定調印を二か月後に控えており、その前にアメリカともめ事を起こしたくなかったのだろう。しかもこの秋、日本の稲作は空前の大豊作であったことから、アメリカの余剰食糧を受け入れる必要性も薄らいでいた。河野農

優先順	事業内容	経費	協力団体
1.	キッチンカー（小麦食品を含む）	171,096	厚生省
2.	１に必要なパンフレットなどの作成	41,750	厚生省
3.	全国向け宣伝キャンペーン	371,237	農林省，（財）全国食生活改善協会
4.	製パン技術者講習	113,210	農林省，（財）全国食生活改善協会
5.	専任職員（日本人）の雇用	32,482	——
6.	生活改良普及員の講習（小麦を使った料理法）	62,349	農林省
7.	ＰＲ映画の制作・配給	92,000	農林省
8.	食生活展示会の開催	23,160	農林省
9.	小麦食品の改良と新製品の開発	58,164	農林省
10.	保健所にＰＲ用展示物を設置	59,508	厚生省，（財）日本食生活協会
11.	学校給食の普及拡大	140,078	文部省，（財）日本学校給食会
	総経費	1,165,034（4億2,000万円）	

〈第１期事業計画案〉

注）経費の単位はドル。（財）は財団法人。

相は、ほかならぬ身内の大臣官房の公文書で、痛いところを批判されて激怒したのにちがいない。

いずれにしろ、農林省が態度を軟化させれば、もうバウム氏たちの交渉はまとまったも同然であった。彼は、日本側関係者と合意のできた一一の具体的事業項目を優先順に並べ、ワシントンの決裁を仰いでいる（上表参照）。そして報告書の最後を、次のような自信に満ちた表現でしめくくっている。

「この一一の項目からなる事業計画書は検討をし尽したもので、バランスもとれていると自負している。日本での市場開拓計画を成功させるために、どうかこのすべてを承認していただきたい。個々の事業内容は互いに補完し合い、全体の中で相乗効果を生むように配慮してある。それぞれが不可欠の歯車となって大計画を達成させるのである。ただし、どうしても初年度予算としての限界を超える場合は、表に示した優先順位を参考にされたい」

幻の小麦製品「アラー」

余談になるが、この頃アメリカが対日輸出に意欲を燃やしながら、結局は「幻の輸入食糧」に終わった、ある小麦製品の物語がある。その名をバルガー小麦と言い、荒びきした小麦八〇パーセントとイモデンプン二〇パーセントを原料にして、米粒と同じような形に固めあげた食品で、シアトルのフィッシャーという製粉会社が商品化に成功したものであった。これは今日のコーン・フレークのような食べ方もできるし、またご飯のように炊いても食べることができた。商品名を「アラー」と言い、フィッシャー製粉では、日本のような粒食に馴じんだ国には粉食の形をとるよりも普及がしやすいと考えたようである。

昭和三十（一九五五）年の秋、バウム氏たちが農林省の官僚とやりあっていた頃、このフィッシャー製粉はA・C・ハチソンなるセールスマンを東京に送りこみ、盛んに宣伝活動を行なっていた。これが日本人に普及すれば小麦の需要拡大につながる——。バウム氏は先の報告書の付記として、アラーに対する日本側の反応を書き添えている。まずは十月に出した一通目の報告から転載しよう。

――アラーの対日輸出について――

フィッシャー製粉のハチソン氏はすでに東京に来て数か月になる。この間、彼は日本政府と交渉を重ね、アラーが日本人の基礎食糧として適当かどうかを判断するために、まず数トンの試験輸入を許可するように説得してきた。厚生省や防衛庁の中には、アラーが米より安く、しかも栄養価があるとして興味を抱く人もでてきている。

しかしながら、ここでもまた食糧庁が異議を唱えた。彼らは、アラーが安価で栄養的にも優れていることを認めながら、「味がよくない」という一点をとり上げて、日本人の主要食糧には不向きであるという。

食糧庁は主食の輸入を全て管理する官庁であり、小麦はこの主食である。この食糧庁見解は、農林省食糧研究所の桜井博士の試験結果にもとづいているというが、桜井氏はどうも十分な試験も行なわずに決めつけているように思われる。

アラーが疎んじられる背景には「人造米」の製造業者の圧力があるらしい。人造米業者はたいして普及もしていないくせに、このアラーにとって代わられては大変だと騒ぎ出したのである。

桜井博士は一九五三年の大凶作の時に、この人造米を開発した当の人物である。彼の進言を受けて、食糧庁は人造米の製造を認可した。そしてその時、何人かの食糧庁退職者が、人造米製造会社に天下りをしたのである。こうした製造工場は全国に五〇もできたが、日本国民は人造米を進んでは食べなかった。あまりに高価であるし、米のような味もしなければ栄養価値も乏しい。厚生省のある幹部は人造米の生産に大反対を唱えているほどである……

バウム報告の途中であるが、ここで「人造米」について、解説を加えておく必要がありそうである。

人造米とは、デンプンと小麦粉と砕け米を合成して、人工的に米の形状に作りあげたものである。昭和二十六（一九五一）年、農林省食糧研究所が外米の砕けた部分と、全国的に余っていたデンプンとを有効に活用しようとして試作したのが最初であったが、昭和二十八（五三）年秋の大凶作を機に、一躍脚光を浴びることになった。この年の九月、政府は閣議で「人造米の普及奨励」を決めている。吉田首相もたいへんに乗り気で、閣議後に福永健司官房長官を呼んで自ら「普及促進」を言いわたしたほどである。この時の食糧庁の談話によれば、「人造米は外米輸入の節約にもなる新しい主食である。品質も良く、本物の白米と見分けがつかないほどで、鮨《すし》にしても食べられる。値段が高いのが難点というが、農林省では普及奨励のために、製造工場に設備資金を融資し、原料デンプンも特別価格で払い下げることにしており、全国生産を一〇倍に伸ばしたいと考えている」と本腰で増産指導にあたることを宣言している。

ここで興味をひくのは、この計画にすぐさま厚生省が横ヤリを入れていることである。閣議決定の二〇日後に、厚生省は独自の分析結果を公表し、「人造米の栄養価は自然米の半分程度であり、政府奨励食糧とするには不適当」だと決めつけている。農林省と厚生省は、何かにつけてことごとく対立したようである。結局は、保利茂農相が直じきに食糧研究所を訪れて事情を調べ、「配合の仕方で栄養価は変えられる。粗悪品が出回らぬよう監督を強化する」と、閣議で申し開きをしてけりがついた。しかし、この人造米の評判はパッとしなく、売れ行きも悪かったようである。昭和三十（一九五五）年十月のバウム報告に話しを戻そう。

人造米が、どうにも商品にならないことが判明するやいなや、製造業者たちは食糧庁にやってきて援助を要請した。人造米の開発・奨励の責任をとれというのである。もちろん、天下りした元役人はまだ庁内に影響力を持っている。かくして、食糧庁は他の官庁に働きかけ、防衛庁が自衛隊用に一定量を購入する手はずとなった。今のところ、人造米のまとまった市場はここだけである。

こうした背景を話せば、桜井博士や食糧庁がわれわれのアラーを公正に評価しない理由がわかるであろう。今日、われわれが食糧庁から受けとった書簡では、アラーは日本に不必要と遠まわしに述べてある。今後も他の関係官庁に働きかけてゆきたいとは考えているが、アラーの輸入を承認させることは困難と思われる。

つづいて、リチャード・バウム氏は十二月の第二信でこう書き送っている。

われわれは、フィッシャー製粉のハチソン氏に全面協力し、日本政府にアラーの試験輸入を認めさせようと働きかけてきたが、食糧庁の拒否姿勢は変わりそうにない。しかし、ハチソン氏は積極的にアラーの試食パーティーを企画し、大臣や次官の夫人、婦人議員、そして主婦連の幹部を招いている。このパーティーは九回も開催され、なかなか好評であったと聞いている。参加したご婦人方は、アラーの値段の安さに事のほか関心を示したようであるが、唯一の難点は「ふすま」が入っていることからくる味覚の問題であった。

ハチソン氏は同時に、このアラーを「味噌」の原料として使えないかと考えている。予備試験を行ない、米の代わりに使ってみたが、満足すべき結果が得られそうだという。彼は今後数日以内に、味噌の大手メーカー数社に試験用として、アラーを販売できる見通しだと話している。

ハチソン氏は、農林省が来週中にアラーを小麦と同様の扱いにするものと、希望的観測をしている。この十一月二十八日に、主婦連幹部を集めてアラー試食会を開いたばかりなので、その支持が得られるものと期待しているからだ。彼の行なった試算によると、アラーが日本人の主食の一つとして定着したあかつきには、国民は一週間に二〜三回は家庭でこれを食べるようになり、年間消費量は二〇〇万トンから二五〇万トンにも達することになろうと述べている。

われわれの印象では、ハチソン氏の奮闘ぶりに敬意を払いつつも、その前途はあまりにもきびしいと判断せざるをえない。

ハチソン氏の試算は文字通りの〝皮算用〟に帰した。アメリカの粒食小麦製品アラーも、日本の合成食品・人造米も、結局は日本人の主食の一部にさえ食い込めなかった。昭和三十年秋の稲作収量は、それまでの平均の九〇〇万トン台から一きょに一二三八万トンと空前の大豊作を記録した。そして、その後も一〇〇〇万トン台の豊作が平年化してゆく。アラーや人造米のような「代用米」は必要がなくなったのである。

米が足りない時代に起きた日米の「代用米」合戦は、双方の共倒れで終止符が打たれ、やがて記憶のかなたに忘れられてゆく。

農協には注意せよ!

取り付く島もなかった農林省の承認をついに得て、バウム氏は得意絶頂であった。基本的合意さえ取り付ければ、あとは事務的な手続き事項を残すだけである。

だが、この作業もなかなかの難物であった。バウム氏は、日米間で合意した項目を、アメリカ農務省と日本の諸官庁との間の「協定」という形で締結したいと考えていた。しかし、政府間協定にするには、もっと高度の判断が要請されるし、とりわけ難関は国会の批准を必要とするということであった。日本の外交当局は、「このさい、日米間の「覚え書き」か「交換公文」のレベルにとどめておくほうがスムーズにゆく。国会審議にまでなれば、政治問題化して流産する畏れもある」とバウム氏たちに進言した。この点については、バウム報告書は理解を示して、こう書いている。

「この背景には、デリケートな国民感情があることを報告しておかねばならない。今や日本は自由な独立国家であり、アメリカの意図に左右されてはいけないものだという世論の高まりがある。その上、野党勢力はアメリカに対してつねに敵対心を抱いており、すきあらば与党政権の足をすくおうと考えている。こうしたことを考えると、アメリカ農務省のアタッシェ(駐日農務官)が、資金運用を監督するという大前提さえ留保すれば、協定という形式にはこだわらないほうがいいのではなかろうか」

あのキッチンカーのキャンペーンでも、アメリカは決して前面に出ることをしなかった。バウム氏は「影にまわる」知恵をこの時学んだのかも知れない。

さらに運用上の問題がもう一つあった。日本の官庁は外国資金を直接受けとることができない。資金はすべて大蔵省にいったんプールされて、国会の予算審議を経て、初めて各省に配分されるものである。これではまためんどうなことになる。そこで彼らは一計を案じて、こんな方法を考え出した。関係各省はそれぞれ第三者団体（財団法人）をつくり、この法人とオレゴン小麦栽培者連盟とが民間ベースで契約を行ない事業を実施する。日本の官庁とアメリカ農務省はその背後で監督を行なうというものである。

だが、ここで外郭団体の選択をめぐって、農林省とまたもや一問着があったようである。バウム氏は先の第二報告書に「追伸」としてこう書いている。

「市場開拓事業の遂行にあたっては、くれぐれも監督を怠らぬことが重要である。さもないと、協力団体は事業をおもちゃにしてしまう畏れがある。中でも、財団法人・全国食生活改善協会には細心の注意が必要だ。これは農林省の外郭団体で、会長の荷見安《はすみ》氏は元農林次官でもあり、いまは全国農協中央会の会長もつとめている。厚生省は、この協会のバックには農協があるから契約しないほうがいいと言った。実際、この農協という巨大組織は米を含む日本の農産物の販売に熱心すぎて、国民の栄養問題を無視するきらいがある。

われわれは、この協会とは別に、小麦販売促進協議会を組織させようとしたが、農林省の反対で果せなかった。食糧庁が小麦の払い下げを一手に握っている以上、製粉関係者は逆らえないのである。今後十分な警戒が必要であろう」

バウム氏が要注意と指摘した全国食生活改善協会は、食糧難の真っ只中にあった昭和二十五（一九五〇）年頃に、荷見会長の提唱で誕生したもので、このアメリカ資金導入を機に財団法人になっている。初代会長の荷見氏は、農林省時代に米穀課長、米穀部長、米穀局長を歴任し、事務次官で退官するまで米行政一筋に歩んできたことから〝米の神様〟として広く知られていた。この頃は、農林中金理事長を経て全中会長のポストにあり、日本の農民陣営の最高権力者であった。

その荷見氏が自著で当時をこう回顧している。

「当時、私も粉食奨励に一役買った思い出がある。終戦直後、都会などではたいへんな食糧不足になって、それを一日でも放っておくわけにはいかないという緊急事態に迫られた。それで、前農林大臣で当時経済安定本部長官であった周東英雄さん、社会党の三宅正一さん、主婦連の奥むめおさんたちと相談の結果、私も仲間に入って食生活改善協会というのを作って、その会長をしたことがある。そしてこの協会を足場に、製粉業者、製パン業者がほうぼうから手弁当で集まっては、粉食の習慣を国民につけさせようと一所懸命に働いたことがあった。

政府にもいろいろ働きかけて、学生というよりも学童たちから、米に偏らないような食生活を身につけさせてやろうという方針をたてた。そこで学童給食を始めるにあたって、大達さんが文部大臣になったときに、一番に尽力してもらい、初めは実現もなかなかむずかしかった学校給食を、大いに推進させたのだった。

子供は学校から帰っても、食糧不足で食べものがない。だから学校で、給食としてパンを食べさせる。そうすれば子供はパンにもすぐなじみが出てくる。

これを年数かけていくうちに、やがて子供たちは「米はなくてもパンでいいよ」と言い出すようになったのだ」（荷見安『米と人生』わせだ書房、一九六一年）

さすがの〝米の神様〟も、粉食奨励がこれほどの米離れにつながるとは考えていなかったようである。晩年になってから荷見氏は「少しやりすぎたかな」と側近にもらしたという。

さて、リチャード・バウム氏が市場開拓の初期事業プランをまとめあげて帰国したのち、懸案の合意文書の取扱いについては、駐日アメリカ大使館と外務省との間で最後の詰めが行なわれていた。昭和三十一（一九五六）年の一月から二月にかけて、外務省の湯川盛夫経済局長と、アメリカ大使館の経済担当参事官F・ウェアリングは、七通にのぼる交換文書を取り交わして、外交的な裏づけを完了している。

これですべての地ならしは終わった。

小麦キャンペーン始まる

大阪国際見本市の成功

アメリカの小麦市場開拓事業は、「もうかりまっか」の商都・大阪ではなばなしく幕を開けた。昭和三十一（一九五六）年四月八日、大阪国際見本市が、世界二一か国の参加を得てオープンしたのである。これはパリの国際見本市連盟の公認を受けた東洋で初めての見本市で、総費用は三億五〇〇〇万円にのぼるとも言われた。開会式には東京からアリソン駐日アメリカ大使も駆けつけている。

この会場の一画に、パンやクッキー、ビスケットなどの小麦製品をうず高く積み上げ、「おいしい栄養食アラーとパンを御土産にお持ち帰り下さい——無料」と書いた看板をかかげているオレゴン小麦栽培者連盟の展示コーナーがあった。この前年に来日したバウム氏は、ちょうど東京に準備にきていたアメリカ商務省の担当官から、この世紀の大展示会の開催を知らされていた。この時、バウム氏は、「この祭典こそ、対日キャンペーンのデビューを飾る舞台にふさわしい」と心に決めていたのである。

この見本市会場には、バウム氏に代わって、彼の後輩の市場アナリストであるジョー・スピルータ氏が、開催の二か月前から派遣されていた。スピルータ氏はこの直後に、オレゴン小麦栽培者連盟東京事務所の初代の駐日代表となる人物である。バウム氏もオレゴンの小麦農民たちも、この見本市のなりゆきをかたずを飲んで見守っていた。
取材先のオレゴン州ペンドルトンで見せてもらった当時の連盟機関紙『オレゴン農民新聞』はこう報じている。

――大成功をおさめた大阪見本市――

オレゴン小麦栽培者連盟はここに遂に、全く新しい海外市場開拓に踏み入った。アメリカ小麦の展示はたいへんな人気を集め、当連盟が用意した小麦製品を試食した日本人の数は数万人にのぼった。特に四月十五日の日曜日は、無料の試供品をもらおうと殺到する観客を整理するために、一〇〇人もの警官が出動する有様であった。展示場では、パン焼きの実演も行なわれ、白衣をまとった三人の日本人技術者が連日、観客の前でロールパンや菓子パン、そしてホットケーキを焼きあげて見せた。

アラーの展示コーナーでは、五人の栄養士が朝から晩までつきっきりで、この新しい栄養食アラーを使った調理実演を行なった。この反応からすれば、日本政府の制限さえなくなれば、アラーの市場拡大は確実にできると思わせるものであった。(だがアラーは前述の通りの結果に終った。――筆者)

こうして当連盟の展示場には、我々が当初予想した数字の倍以上も観客が群がった。この手ごたえは、日本こそ我々の小麦の最も有望な新市場と確信させるに十分なものであった。

大阪見本市が成功したという知らせを、バウム氏はオレゴン州ではなく、ワシントンで聞いた。この時、彼は初期事業計画の最終承認を求めてアメリカ農務省を訪れていた。「第一弾として打ち上げた観測気球のアドバルーンは、大阪の空に高々と舞い上がった」バウム氏の報告にアメリカ農務省の関係者も意を強くしたにちがいない。こうして、国際見本市閉幕の四日後の四月二十六日、オレゴン小麦栽培者連盟を代表するバウム氏はアメリカ農務省と事業契約の調印を行なった。さし当り初年度分として四〇万ドル（当時の一億四四〇〇万円）の使用が認められた。

バウム氏は、即座に東京に飛んだ。アタッシュケースには、農務省から委託された四〇万ドルのPL四八〇資金が詰っていた。

五か月ぶりに訪れた東京にはもう何の障壁もなかった。各団体との事業契約がたてつづけに結ばれてゆく。

昭和三十一年五月十八日、バウム氏は日本食生活協会（厚生省所管）と六八四〇万円でキッチンカーの第一期事業契約に調印する。あの松谷氏が見せてくれた写真はこの時写されたものであった。いまあらためて見直すと、握手するバウム氏らの背後に両者の橋渡し役となった大礒敏雄栄養課長のにこやかな顔もある。そしてその隣には、大阪国際見本市を現場でとりしきったばかりのジョー・スピルータ氏も立っていた。

つづけてその一週間後の五月二十五日には、全国食生活改善協会（農林省所管）との間に、三八八二万円で製パン技術者講習、二二四四万円で生活改良普及員研修を行なう旨の事業契約が締結された。

こうしてアメリカ余剰小麦の販売代金は、アメリカ小麦の売りこみ活動費に化けてゆくのである。

すでに彼らの対日活動は、オレゴン州からの遠隔操作では御しきれない段階に達していた。オレゴン小麦栽培者連盟の初めての海外事務所は、こうして東京・新橋の貸ビルに誕生する。初代の駐日代表は先に述べたジョー・スピルータ氏で、彼は兼務の極東総支配人として東南アジア全体にも目を配る任務を与えられたのである。

キッチンカーの出陣式

昭和三十一（一九五六）年十月十日、日産自動車に特別発注されていた八台のキッチンカーができあがり、ゆかりの場所である東京日比谷公園にたくさんの関係者を集めて出陣式典がとり行なわれた。来賓の中には、厚生大臣と並んで大石武一農林政務次官の姿もあった。彼は、アメリカの招待視察旅行から帰ってきたばかりであった。散歩にきていたビジネスマンたちは、このピカピカの大型バスの群れにいぶかしげな視線を投げかけた。バスの胴体には「栄養改善車、財団法人・日本食生活協会」と書かれてあるだけだが、内部にはガスレンジ、調理台、流し、冷蔵庫、食器棚からレコード・プレイヤー、アンプ、放送装置まで最新設備がとりつけられていた。当時の金で一台およそ四〇〇万円もする豪華な「武器」であった。

農林省が旧来あった外郭団体をそのまま受け入れ団体にしたのとは異って、厚生省は全く新しい財団法人をつくりあげて、この日を待っていた。その日本食生活協会には、大礒栄養課長の根回しで、副会長に国策パルプの南喜一氏をひきこみ、会長には政界実力者である賀屋興宣氏の名前を借りた。そして実戦部隊長としては、当時山口県庁衛生部にいた現役の栄養士・松谷満子氏（現副会長）をスカウトして体制を固めたのである。副会長の南喜一氏は、昭和三十六（一九六一）年に発行された『栄養指導車のあゆみ』の中でこう書いている。

「往時の食生活は、米を主食とし、満腹感により栄養が満たされるというような、非科学的なものであったが、我々はこの誤れる慣習から解放されない限り、我ら民族の興隆は考えられないと信じ、約五年前に、財団法人・日本食生活協会をつくり、厚生省の指導や、アメリカの協力を得て、栄養指導車を作り、文章宣伝だけでなく、実地指導により、食生活の改善の目的を遂行することになった」

東京の日比谷公園を出陣したキッチンカーは、こうして全国の農村に忽然と姿をあらわすのである。運行計画は、厚生省の指導にもとづいて日本食生活協会が組みあげた。キッチンカーは各県の衛生部を通じ、市町村の保健所管内を次つぎとバトン・タッチされていった。

好評を博したこの事業は、昭和三十三（一九五八）年に契約更新が行なわれ、新たなアメリカ資金を加えて車の台数も一二台に増えた。オレゴン小麦栽培者連盟に続いて、当時組織されたばかりのアメリカ大豆協会もこの事業に関心を持ち、同じPL四八〇資金から大豆の宣伝資金を捻出して、このキャンペーンに相乗りしてきた。キッチンカーの調理献立に大豆料理も姿を見せるようになった。

オレゴン州ペンドルトンの連盟事務所に保存されている当時の会計報告書をみると、キッチンカーを見にきた日本人一人当りのコスト計算までがなされていたことがわかって興味深い。

以下にその抜粋をかかげよう。

キッチンカー事業では、小麦と大豆を含むバランスのとれた献立をとりあげ、日本の主婦たちに、どうしたら安くて栄養のある食事をつくれるかを実技で説明し、調理後は試食をさせた。同時に、小麦・大豆の栄養価値と料理法を刷りこんだパンフレットを一〇〇万部以上も配布した。「粉食」をスローガンとするポスターも数千枚貼りつけた。

ここに興味ある事実がある。キッチンカーのコストは参加者一人当り、何と一〇〇円にしかすぎない。たったの一〇〇円で、キッチンカーはどんな山奥や離島の主婦にまで、直接的に働きかけることができるのである。かくも経済的で、効率のいい宣伝方法が他にあるであろうか。

更にここに心強いアンケート結果もある。これは、およそ五万人の参加者に調査した結果であるが、キッチンカーの講習会について九六パーセントがためになったと言い、九二パーセントが自宅の食事に利用したいと述べている。キッチンカーにもう一度来て欲しいと答えた人にいたっては九九パーセントであった（「一九五七年六月～九月の旬間リポート」より）

オレゴン小麦栽培者連盟は、PL四八〇資金を使って行なうすべての事業について、アメリカ農務省に報告することを義務づけられていた。

元厚生省課長の自賛

キッチンカーのキャンペーンは、日本の厚生省にとって、戦後の食生活改善運動史上に燦《さん》然と輝く世紀の大事業であった。その言わば生みの親である当時の栄養課長・大礒敏雄氏にインタビューした。氏は厚生省の〝アイディア男〟と呼ばれ、昭和二十八(一九五三)年から三十八(六三)年の長きにわたって栄養課長を勤め、局長クラスに当る国立栄養研究所所長を最後に退官していた。医学博士でもあるが、話しぶりはざっくばらんで、しかも饒舌であった。

――キッチンカーはたいへんな人気だったようですね。

「まあ、みんなビックリしたんでしょうな。ご飯とみそ汁、それに漬け物くらいしか食っていない時代だったからね。地元の新聞には毎日の運行予定表

チッキンカー ―栄養指導車のエピソード―

〔福岡県〕

車の横に栄養指導車と書いてあるのを、これをどなたがほん訳したのかのセンサクは別として、「チッキンカー」と呼ばれて怪しまれず通用してきた。ここまではまずめでたしとしても、ヒゲを蓄えた村の有識者が「仲々立派な車ですバイ。このチッキンカーどれ位でできますトナ」「ヘエ!?ヘエ!?」せっかく自信をもって「チッキンカー」とおっしゃるものをムゲに「キッチンカーと申すべきです」と訂正するわけにもゆかず「ハイこのチッキンカーは、三八〇万円もするそうです」とお答えすることであった。

財団法人　日本食生活協会
『栄養指導車のあゆみ』一九六一年より

まで載るし、とにかく引っぱりダコでした。あの車が通過したあとはかならず八百屋が困るという話までありましてね。つまり、皆が皆キッチンカーで覚えた料理をその晩に作ろうとするものだから、同じ材料ばっかり売れてすぐ品切れになってしまうというんですよ。

それからあれは、十河《そごう》総裁の時だったが、国鉄から全国の職員の栄養改善をやってくれと頼みにきたんですよ。当時の鉄道員は農家出身が多くて、食生活は貧しかったもんです。そこでわれわれは国鉄職員専用の全国巡回を特別に計画してやったら、労使双方で大喜びだったですよ。しまいには東南アジアの政府関係者が、中古を譲ってくれと言ってくるしまつです」

――ところで、あれはアメリカの資金で始まったのだそうですね（この質問は、氏の機嫌を少々損ねたようであったが……）。

「あなたね、金は出たというけどね、私はアメリカに口を出させなかったんだ。何もアメリカの片棒かついだわけじゃない。私はむしろアメリカの金をせしめて、日本のために使ったんだから、うまいことやったもんだと思っているくらいだ。日本人の栄養改善は絶対やらねばならなかった。そりゃバウム氏は、小麦の宣伝に使ってくれと初めは言ったよ。だけど私はね、日本人の食生活が豊かになれば、自然に小麦は食うようになるんだから、長い眼で見ろと言ってやったら、バウムもオーケーと言ったですよ。だからキッチンカーはあくまで日本食生活協会が日本人のために走らせるという形になったんで、その証拠に、あれがアメリカの金でやってるなんて気づいた人はまずないでしょう。だいたい宣伝というものは、やれ米が余ったから米を食え方式のやり方じゃ、かえって反感を持たれるもんでね。知らぬまに効果をあげるのが本来のプロパガンダなんですよ」

——日本側は経費を負担しなかったのですか。

「まあ、ほんの少しは各府県も出したし、協会でも寄付集めはやったけども……。あのブルドーザみたいに押しの強い南喜一さんをもってしても、財界の寄付はほとんど集まらんかったね。食品工業はまだたいして力も持ってなかったし、経団連なんかも栄養の心配まではしてくれなかった。大蔵省に予算をつけろと持って行っても、逆に「お前はうまいことアメリカから金とってきて、いいウデしてるじゃないか。それで十分だろ」と言われるのが関の山でね」

——キッチンカーの果した役割については如何ですか。

「そりゃもうたいへんなもんですよ。バウムたちも喜んだかも知れんが、日本の食生活改善に果した役割は計り知れんですよ。あれができてからですよ。移動図書館やら、移動診断車なんかがでてくるのは。その意味でもたいへんな先駆だったな」

——あの粉食キャンペーンが、今日の米離れの一因とも言われますが……

「すぐそれだ。だからマスコミは困るんですよ。だいたい食生活の問題は、あくまで消費者の栄養面、つまり健康の問題として発想してゆくべきなんで、需要に合わせて食糧を生産するように指導するのが農林省のとるべき道なんだ。それを生産者の都合に合わせて、余ったら米を食べろなんてのは主客転倒もはなはだしいですよ」

これまでも厚生省と農林省の確執については幾つか紹介してきたが、この厚生省・大礒氏の発言を聞いていて、その発想の根本的違いの大いさを改めて知ったのである。

まずパン屋を育てよ!

厚生省所管のキッチンカーに続いて、農林省所管の事業も全国食生活改善協会を通して始まった。その第一弾が製パン技術者の講習会であった。パンを普及させるには、まずパン業者を育成しなくてはならない。

当時の日本では、パンはまだ馴じみの少ない食品であり、特に地方都市には満足なパン業者すらなかった。そこでバウム氏らは、全国から選りすぐったパン職人数十名を東京に集め、三か月間にわたってみっちりと技術指導を行なわせた。そして、その中央訓練コースを卒業した職人たちには、故郷に帰るとそこでまた人を集めてパン教室を開くことを義務づけたのである。この方式で、初めの一年だけで全国で二〇〇会場、一万人の職人がアメリカの製パン技術に触れた。中央訓練コースでは実技指導はもとより、パンの科学原理、機器の整備などの講義も行なわれ、同時に大手製粉会社やイースト工場の見学もカリキュラムに組まれていた。中央コースの卒業生が地方でまた教室を開くこの方式は、何回となく繰り返され、パン業者の裾野は全国津々浦々に広がっていった。

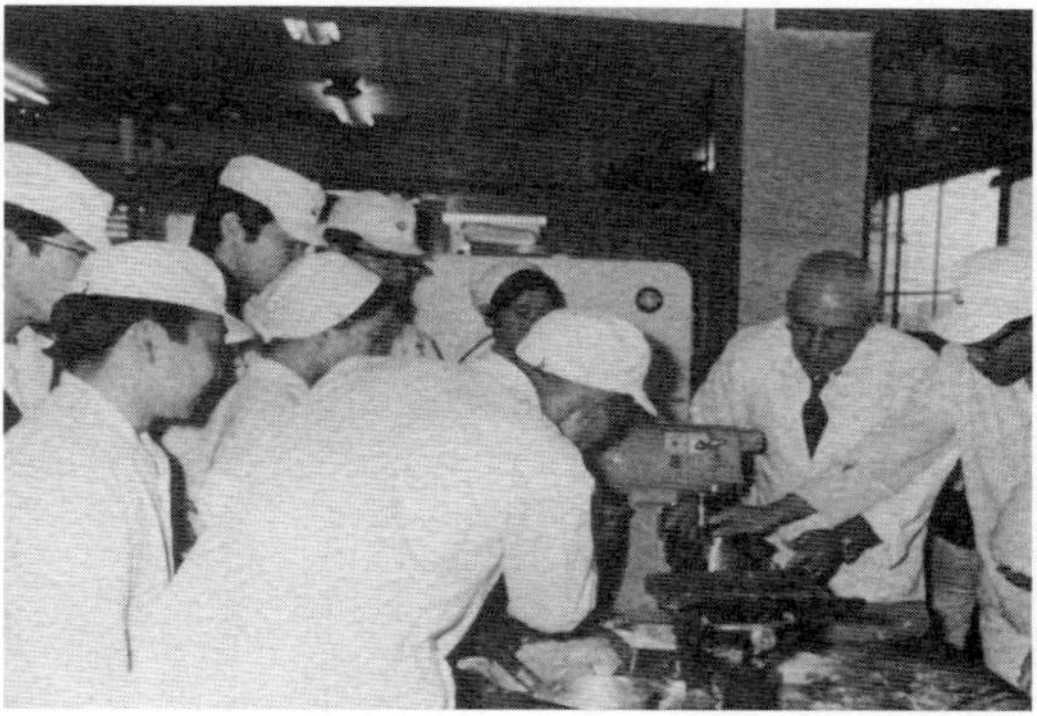

図8　日本の小麦食品産業の技術者に，技術指導をするアメリカ人の製パンコンサルタント

パン技術の指導と並行して、パン企業の経営セミナーも開かれた。これには日本生産性本部の協力もあった。この頃はパン産業の勃興期で、戦前からの大手と呼べるものは「木村屋」「敷島パン」そして「神戸屋」くらいなものであった。「山崎」も「第一」もまだ創業間もない中小のパン業者にすぎなかった時代である。この当時、リチャード・バウム氏にとってパン食普及のブレイン的存在であったのが、パン科学会研究所所長の阿久津正蔵氏である。氏の証言によれば、こうしたアメリカの技術指導、経営セミナーで学んだ人物が、今日の大手製パン会社の重役クラスに

数限りなくいると言う。

「あの時の受講生が、いまや大会社の幹部だからね。山崎や日糧の社長も卒業生ですよ。重役や工場長を数えあげたらキリがない」

阿久津氏は感慨をこめて語った。

翌三十二（一九五七）年、全国食生活改善協会は七三三〇万円で、粉食奨励の一大広告宣伝事業をアメリカから請け負っている。この資金の一部を受けたパンの業界団体・全パン連は、全国パン祭りキャンペーンを企画し、東京では花電車を装った宣伝カーが銀座をねり歩いた。群馬県では「群馬パン号」と名づけられたセスナ機が空から、無料配布券つきの宣伝ビラをまいた。福井県では「日に一度、パンを欠かさぬ母の愛」と書かれた看板をつけた宣伝トラック部隊が大パレードを行なった。

これはパン業界だけではなく、めん製品、ビスケット、マカロニの業界についても同じであった。新興の小麦食品産業が、このような全国規模の広告宣伝を、街頭行進から新聞、ラジオ、テレビまでを活用して行なったのは初めてのことであった。

リチャード・バウム氏は、消費宣伝だけがすべてだと考えていたわけではない。農林省との交渉で経験したあの苦労が頭にこびりついていたにちがいない。彼は小麦の輸入にあたって食糧庁がどれほど強い権限を持っているかを、いやというほど思い知らされていた。バウム氏は農林省の要人をアメリカに招待することを考えた。

冒頭で紹介した大石武一農林政務次官の一行が日本を離れたのは、キッチンカーが動き出す二か月前のことである。何よりも先に、日本国内のキーになる人物をつかんでおきたかったのであろう。一行の滞在費は、アメリカ農務省のPL四八〇勘定とオレゴン小麦栽培者連盟の双方から出された。この時のオレゴン農民新聞は「日本の副大臣（Vice minister）来る」と特別記事で取り上げ、一行の視察模様を紹介しながら、大石氏が「アメリカの小麦事情がよくわかってありがたく思う。日本は今後もアメリカから一〇〇万トン以上の小麦を買い続けるであろう」と語ったと報じている。

つづいて十二月には、今度は厚生省の大礒敏雄氏が同様にオレゴン小麦栽培者連盟から、アメリカに招待されている。大礒氏は、バウム氏たちが最も信頼した協力者であり、キッチンカーの功労者でもあった。一か月間の訪米期間中、各地で歓迎を受けたが、とりわけ小麦生産者の年次大会で、キッチンカーの意義について講演した時は、割れるように喝采を浴びたものだと、大礒氏はわれわれに語った。

図9　パンの宣伝カー　街頭にもいろとりどりのデモンストレーションがくり広げられた

学校給食の農村普及事業

リチャード・バウム氏が、日本ですでにスタートしている学校給食に目をつけないわけはなかった。

昭和三十二（一九五七）年七月、彼は財団法人・全国学校給食会連合会（文部省所管）との間に、五七三五万円で学校給食の農村普及事業に契約調印している。まだ普及が遅れている農村部の小学校にまでパン給食を拡大させようというのが事業の狙いであった。

この頃、日本の学校給食は始まってからちょうど一〇年が過ぎようとしていた。ここでその足どりを簡単にたどっておく必要がありそうである。戦後初めての学校給食は、昭和二十一（一九四六）年十二月、ＧＨＱの支援で東京、神奈川、千葉の学童二五万人を対象に試験的に実施された。世間では、この時からマッカーサーにパン食奨励の意図があったとする見方もあるようだが、それはどうも無理がある。当時は世界的にたいへんな食糧不足であった。マッカーサー自身、「日本にもっと食糧をまわせ」と何度も本国陸軍省とやり合っており、とても深慮遠謀を考える余裕はなかった。学校給食を発案したＧＨＱのサムズ大佐は農林、厚生、文部、大蔵の各省幹部をよび集めて、「米とみそ汁で給食はできないものか」と切り出した。この時、厚生省の伊藤次官につき添って列席した大礒敏雄氏の証言によれば、「とても学童にまわす米はない」と片柳真吉食糧管理局長官が答えたという。

結局、ララ（LARA・アジア救済公認団体）委員会のローズ氏の奔走もあって、横浜の倉庫にあったララ救済物資をあてて、ともかく学校給食事業はスタートを切る。はじめ三都県の試験事業であったが、翌二十二年から全国の都市部の小学校にも拡大される。しかしこれは、あくまで副食と脱脂粉乳を中心とした補完給食であった。

主食パンを含めた完全給食が大都市だけの措置として登場するのは、GHQから小麦粉が無償放出された昭和二十五（一九五〇）年二月からのことである。朝鮮戦争が勃発する寸前で、小麦が余りだしていた時であるからアメリカが余剰処理として「パン食普及」を意識したとすればこの頃であろうが確証はない。ただ、この時GHQのとった態度で気になる点はある。

アメリカの無償小麦を得てパン給食をスタートさせた文部省当局は、この完全給食を八大都市から全国の市制地にも拡大したいと考えた。しかし、この計画に対して総司令部は、「日本政府が今後ともこの完全給食を強力に推進する確約を得なければ許可しがたい（傍点―筆者）」と通告しているのである。そこで文部省は、昭和二十五年十月二十四日に「学校給食は重要な役割を果たしている。日本政府は将来これが育成に努力を払う（『学校給食十五年史』学校給食十五周年記念会、一九六二年）」という閣議了解をとりつけて、総司令部に回答している。

こうして、二十六（一九五一）年二月から完全給食は全国の都市部に拡大されることになるが、アメリカの小麦贈与は同年六月をもって打ち切りとなった。――もっともこの小麦は、贈与とは言ってもガリオア資金（占領地救済資金）をもとでにしたもので、のちになってツケが回ってきたものであった――たった一年で〝贈与〟がストップされたのは、その財源であるガリオア資金が日米講和によって根拠を失ったためであるが、実際のところ、その一年の間に三八度線の風雲が小麦需給を逼迫させ、アメリカにとってこうした贈与による余剰処理を継続させる必要性がなくなっていたのである。

全国一斉の完全給食を始めた矢先に、その供給財源（ガリオア資金）を絶たれた文部省当局は大いに慌てた。閣議了解事項をもってGHQに約束をしている以上、いまさら給食を止めるわけにはいかない。かくして、日本政府は全額国庫負担で小麦、ミルクを購入して給食継続をはかったのである。この時、大蔵大臣の池田勇人氏は、「給食の国庫負担は打ち切り、生活保護など別途の面で考慮すべきである」と主張して、文部大臣・天野貞祐氏と対立している。

大蔵側の意志は強く、翌二十七（一九五二）年度からは全額国庫負担制度は、小麦粉のみに半額国庫負担をする形に変わる。このため、父兄の負担は急増し、全国で三〇〇〇校・二一〇万人の児童が給食から離れていった。教育の現場から「学校給食の危機」が叫ばれ出した昭和二十八年、十三号台風などの風水害と稲の大凶作がつづけざまに発生した。各地にあらわれた欠食児童の救済が社会的大問題に発展する。学校給食を法制化する気運が急速に盛りあがり、米の神様・荷見安氏もその戦列に加わった。

こうして、昭和二十九（一九五四）年五月二〇日、学校給食法は国会を通過し、「小麦粉食形態を基本とした学校給食の普及拡大をはかること」が明文化されるのである。この陰に、アメリカ側からの働きかけがあったかどうかは定かでないが、学校給食法の成立をアメリカが喜んだであろうことは想像にかたくない。あのゴードン・ボールズ氏が、「余剰小麦処理」の大統領特命を受けて東京にやってきたのは、まさに学校給食法が成立する前夜であった。

この国会で文部大臣・大達茂雄氏は提案理由の説明の中でこう述べている。

「わが国の現下の食糧事情から申しまして、今後国民の食生活は、粉食混合の形態に移行することが必要であると思うのでありますが、米食偏重の傾向を是正し、また粉食実施に伴う栄養摂取方法を適正にすることは、なかなか困難なことでありますので、学校給食によって幼少の時代において教育的に配慮された合理的な食事に慣れさせることが国民の食生活の改善上、最も肝要であると存じます」

いま改めてこの文章を読むと、学校給食がまさにその法の狙いどおりの役割を果たしたことに驚く。「幼少の時代から粉食に慣れさせられた」給食経験層がいまや国民の大半を占めようとしているのである。

学校給食法が制定されて間もない十月、愛知＝東畑使節団はアメリカの余剰農産物の買い付け交渉に出発する。文部省当局者にとっては、彼らがどれだけの小麦贈与を引き出してくるかが最大の関心事であった。

この時アメリカのハラは決っていた。無料の小麦というエサをぶらさげて、太平洋の中から「粉食に慣れようとする幼少」の胃袋を、釣り上げようと考えていたのである。その証拠にアメリカは贈与する小麦と脱脂粉乳は学校給食に使用することとまず限定し、次のような約束を日本側から取り付けている。

㈠　アメリカは給食用小麦を四か年間に、四分の一づつ漸減して贈与する（初年次一〇万トン、四年次二万五〇〇〇トン）。

㈡　日本政府は、四年間にわたり年間一八万五〇〇〇トンレベルの小麦給食を維持すること。（「現物贈与の細目取扱に関する日米交換公文」昭和三十一［一九五六］年二月十日）

つまり、アメリカは無償供与をだんだん減らしてゆくが、日本は給食の規模を縮小してはならないというのである。それでも文部省、大蔵省は大喜びであった。事実、この贈与受け入れが始まった昭和三十一（一九五六）年度から、半額国庫負担の時代に終止符が打たれ、政府補助は小麦一〇〇グラム当り一円という安上がりの学校給食となっている。

リチャード・バウム氏らの小麦市場開拓事業はこうした時代にスタートを切った。学校給食については、いわばすでにレールが敷かれていたのである。彼らはこの既定路線を補完強化することだけを考えればよかった。

昭和三十二（一九五七）年七月、オレゴン小麦栽培者連盟は全国学校給食会連合会と契約して、学校給食の農村普及事業を開始させた。すでに学校給食法が制定されてはいたが、これは義務法ではなくあくまで奨励法であったために、給食実施校は都市部に限られていた。バウム氏は、普及の遅れている農山村にまで学校給食を広めようと、文部省に話をもちかけたのであった。文部省当局にとっては願ってもない話であった。当時、学校給食係長であった河村寛氏（現日本学校給食会総務課長）は「最も遅れている農村児童の栄養水準こそ高めなければならなかったのだから、アメリカの話に飛びついたのです」と語っている。農村地域の未実施校の中からまず一五〇校が普及センターとして選ばれた。この一五〇校を普及拡大の核として、教師や父兄を集めた講演会、給食献立試食会が盛ん

図10　学校給食の農村普及事業の一つとして開かれた講演会（1958年青森県）

に開かれる。講習会場では映画『よろこびを共に』やスライド『学校栄養士の一日』が上映され、普及用パンフレット『学校給食のすすめ』が大量に配布された。文部省学校給食課の担当官や大学の教授連が教壇から「パン食の効用」を説き、農村ではめずらしいコッペパンが学習机の上に並べられた。学校給食を知らない農村の父兄たちに与えた効果は絶大であった。

この事業と並んで、アメリカは三〇〇台のミルク・ミキサーを全国の給食未実施校に寄贈している。好評を呼んだ農村普及事業は三たび更新され、昭和三十七（一九六二）年まで続けられた。講習会等への参加者は二三万人であった。文部省が昭和五十一（一九七六）年に発行した『学校給食の発展』では、「この事業は農山村地域の学校給食普及に大きな役割を果した」と評価している。

私たちは東京・虎の門の日本学校給食会を訪ねて、当時の機関紙『学校給食広報』を見せてもらった。昭和三十二（一九五七）年から三十四（五九）年にかけての各号は、この農村普及事業の記事で一杯であった。「宮城の講習会、予期以上の盛況」とか「四ケ月間に四万人が参加」と見出しが並び、北海道から九州まで各地の講習会の模様が写真入りで報じられている。子供の座る小さな学習机に農民らしき父親がチョコンと腰をかけて、めずらしそうにコッペパンをかじっている写真が印象的であった。機関紙のファイルを何枚かめくっていると、「アメリカのベンソン農務長官が学校給食を視察」という記事があった。昭和三十二年十月二十八日、来日中のベンソン長官が埼玉県大宮市の東小学校を訪れた時のものである。おそらく、あのキッチンカーに同乗して、うどんを食べたのもこの時であろう。余剰農産物処理に関するアメリカの責任者として、彼はその運用が日本で有効になされているかどうか視察しにきたのである。ベンソン長官はこの小学校で全校児童を前に、次のようなあいさつを行なっている。

「日本の学校給食計画は世界でも最も優れたものの一つとして認められています。この計画は、みなさんの栄養水準をいま高めると共に、将来大人になったときのために食生活改善の習慣を身につけさせておくという意味も持っています。

私はまた学校給食計画について、もう一つの意義を認めるものです。それは日米両国の貿易の促進にも役立つということです。みなさんが給食に使用している典型的な食品の中には、アメリカから送られたミルクや小麦粉なども含まれています。これらの食料品は、日本国民の食生活に大きく寄与するもので、我々は日本に対しこのような食料品を供給できることを喜んでいます」

このあいさつを受けて、六年生の金井雅子さんが代表で歓迎のあいさつを述べている。

「私たちは、アメリカから送っていただいた小麦とミルクの栄養のおかげで、戦前の子供たちと比べて見違えるような丈夫な身体になりました。

喜んでいるのは私たちだけではなく、家の人たちも同じようにパンが好きになりました。

これからも身体をますますきたえて、アメリカのお友達と一緒に平和な世界のために尽してゆきたいと思います」

ハンフリーも絶賛

オレゴン小麦栽培者連盟の対日小麦市場開拓事業は、第二年次に入った段階ですでに数かずの成果を遂げつつあった。リチャード・バウム氏がその報告書で掲げた一一項目の事業計画案（九一頁参照）はすべてが実施の緒についていた。しかし、バウム氏にとって一つ心配なことがあった。彼らの活動を資金的に支えているＰＬ四八〇が期限切れで廃止になるかも知れないという噂が、アメリカ国内でとびかい始めたのである。

そもそもＰＬ四八〇は、急激に膨れ上がった余剰農産物を緊急に処理するために立案されたもので、当初は三年間を目途とする時限立法であった。その三年間が経過した段階で改めてＰＬ四八〇の存在意義が問われることになったのである。この頃アメリカ小麦の在庫量は、三年前よりもむしろ増えていた。ＰＬ四八〇が効果をあげていないためだとしたら廃止にすべきであったし、現行法内に問題点があるためだとすれば改正する必要があった。

一九五七年六月、アメリカ上院農業委員会は、「ＰＬ四八〇に関する公聴会」を開催した。座長は後に大統領候補にもなるヒューバート・ハンフリー上院議員であった。上院の三二四号会議室には、上院農業委員の面々が列席し、農務省からは長官になる前のバッツ次官補、そして東畑氏とやりあったアイオアネス海外農務局次長も姿を見せていた。

ハンフリー座長は公聴会の冒頭で目的をこう述べている。

「私はPL四八〇には格別の関心を持っていたので、農業委員長の許しを求めてこうして座長をつとめさせてもらうことになった。この公聴会の目的は、PL四八〇に関してあらゆる角度からの検討を行なうことである。そのため、証人には農務省に限らず国防省や商務省など広範な政府機関・民間団体からも参加を求めるつもりである。

公聴会では、余剰農産物の海外向けプログラムが、アメリカの海外援助の全体目的にどんなプラスとマイナスを生んでいるかを検討する。また、どうすれば余剰農産物の海外処理がより効果的になるか、——その中で民間団体の果すべき役割は何か——も探りたいと思っている。つまり、PL四八〇についてあらゆる側面から賛否両論をたたかわせて、その議論の成果をより建設的な立法に結びつけたいというのが私の念願である」

ハンフリーはこの公聴会開催までの間に、農務省・国務省・国防省などから膨大な報告書を提出させて準備に当っていた。

この公聴会に実はあのリチャード・バウム氏も召喚されていた。せっかく対日工作が軌道に乗りかけているのに、廃止にされてたまるものか——バウム氏は日本における市場開拓事業の概要をまとめた参考資料をもって、公聴会に臨んでいた。何人かの証人喚問が終って、三四歳のリチャード・バウム氏は、地元選出のノイバーガー上院議員に紹介されて証言席についた。

以下は、ワシントンの国立公文書館に残されていた公聴会議事録からの抜粋である。

ハンフリー　本日はオレゴン州出身で農業問題に造詣の深いノイバーガー議員にも来てもらっている。ノイバーガー君どうぞ。

ノイバーガー　私はみなさんにオレゴン小麦栽培者連盟のリチャード・バウム副会長を紹介したい。バウム君はオレゴン農民の先頭に立って、東洋に小麦市場を開拓するために活躍しているのです。私はオレゴン農民が切り開こうとしているこの事業にこそPL四八〇の存続意義があると信じ、バウム君を紹介する次第です。

ハンフリー　ありがとう。ではバウム君どうぞ。

バウム　初めに当連盟の活動概要をまとめた参考文書を提出致します。ご参照ください。ではそのハイライトを申しあげます。オレゴン小麦栽培者連盟は、東洋の中でも日本が最も有望な市場であると判断し、PL四八〇資金の運用をまず日本に集中させました。最初のプログラムであるキッチンカーは大成功をおさめており、日本の一流新聞にはこんな投書も載りました。お手許の資料にもありますが読みあげてみます。

「緑の野山を縫って、ピカピカの大型バスが軽快なメロディーをかなでながら、やってきました。子供も主婦も駆け寄ります。一日のうちに必ず一度は粉食が必要であることを科学的に説明され、しかも目の前で調理されるのを見ていると、こんなに簡単なことから、一生を左右する健康状態が生まれるものだと認識を新たにさせられました。みんなで少しずつ分け合って「おいしいわね」とだれもがニコニコしながら楽しく試食しました。キッチンカーは何と親しみやすい、すばらしい時代の恩恵でしょう」（千葉県の主婦三〇歳。『毎日新聞』昭和三十二〔一九五七〕年五月十五日）

ご承知のように日本は伝統的な米の国です。パンを食べようにも満足なパン屋すらないのです。そこで私たちはパン業者の育成にも力を注ぎました。そして今、学校給食の地方普及事業も始まろうとしています。日本の多くの指導者が、学校給食ほど有効なものはないと忠告してくれました。日本には一二〇〇万人の小学生がいますが、パンをとり入れた完全給食を受けているのはその半分の六〇〇万人。ミルクだけのところが一〇〇万人です。残り五〇〇万人のうち、まず五〇〇万人の児童を対象にパン給食拡大のキャンペーンを行なうことになっています。

ハンフリー　その点について日本政府は協力的であるのか？

バウム　はい、たいへん協力的です。学校給食を全国に普及させるのが日本の国策ですから大歓迎なわけです。

このほか私たちは日本の商社マンを対象に「アメリカ小麦杯」のゴルフ大会も始めました。カナダやオーストラリアの小麦局がこの種の催しを始めたので対抗上迫られて、これはオレゴン小麦栽培者連盟独自の費用でスタートさせました。重要な活動として人事交流も行なっています。去年の八月には、農林政務次官を含む四人の要人（key person）をアメリカに招待しました。こうした活動の総経費は一〇七万ドル（三億八〇〇〇万円）にのぼり、そのほとんどがPL四八〇による農務省資金です。

まだ効果を云々するには早計ですが、心強い統計が出ています。日本人一人当りの米の消費量は、戦前水準の一四九キロから一一九キロに減りました。その反対に、小麦は一四キロの戦前水準が、都市部では三倍の四一キロに伸びています。

証言の最後に当り、PL四八〇号の重要性を強調したいと思います。海外の何百万人という潜在市場が、この制度によって初めてアメリカ農産物を買う力を得たのです。世間では、PL四八〇を一時的な制度だと見なす人もあるようですが、これほど活用されているものを、なぜやめなければならないのでしょうか。

ハンフリー　いいことを言ってくれた。われわれは時として、役にたたない法律を長続きさせたり、有効なものを途中でやめたりしがちなものだ。

バウム　重ねて委員諸兄にお願いします。どうかPL四八〇を永続させる方向でご検討ください。短期間で終る制度ならば、私たちはわざわざ東京に事務所を置いたり、日本人を雇ったりはしなかったでしょう。

ハンフリー　ありがとう、バウム君。たいへん説得力のある証言だった。君たちの活動がうまくいくよう私からも農務省に話そう。ところでノイバーガー議員、このいい話を一度上院本会議で報告してくれないか。われわれがいつも聞かされるのは、余って困ったという話ばかりで、こうした余剰活用の優良事例はみんなにも知ってもらったほうがいいと思うが……。

ノイバーガー　それはたいへん光栄なことであります。

大物議員ハンフリーから、バウム氏は手ばなしでほめられた。しかも彼は今後の支援を約束した。若きバウム氏が男をあげた檜舞台であった。この証言が役立ったためだけではないが、結局PL四八〇は、若干の修正をみるだけでその後も継続されることが決まった。バウム氏たちの対日市場開拓事業はすべてが順風満帆のようにみえた。しかし、この時一つの重大な落し穴が彼らの前途に待ち受けていたのである。

ハードな販売作戦への転換

駐日代表の辞任

リチャード・バウム氏が上院公聴会で大任を果たして得意の絶頂にあった頃、東京のスピルータ代表は一人悩んでいた。最前線にいる彼には、日本の小麦市場がかすかに変化を見せ始めていることが肌で感じられた。

その一つは競争国カナダ、オーストラリアの巻き返しである。アメリカの売り込み攻勢に刺激を受けた両国は、それぞれ政府の小麦局の出先を東京に設けて、地味ながらも食糧庁や製粉業界への接触を開始した。カナダは駐日大使館の商務官を中心に動き出し、オーストラリアは小麦局のチャップマン氏を日本に単身赴任させるほどであった。アメリカのように金をかけた宣伝キャンペーンこそしないが、商社の幹部をゴルフに招いたり業界要人を自国に招待する計画も進めていることが、スピルータ代表の耳に入ってきていた。もはやアメリカの独走体制の時代ではなくなってきた。こうした巻き返し作戦に、彼が危機意識を抱くのにはそれなりの背景があった。

もともとオレゴン州でとれる小麦は、ウエスタン・ホワイト（WW小麦）と呼ばれる軟質小麦で、その本来の用途は、めん類やケーキ類であった。しかし、バウム氏やスピルータ氏が粉食PRを強めた結果、爆発的に需要が伸びたのは硬質小麦を原料とするパン製品であった。この消費嗜好に対応するために食糧庁や業界は、パン本来の原料である硬質小麦を求めようとするようになってきた。そうなると強いのがカナダである。カナダのマニトバ地方でとれる硬質小麦はマニトバものと称して、伝統的にもパン用小麦のエースと評価されていた。アメリカにも硬質小麦はあったが、対日輸出には決定的なハンディキャップを持っていた。硬質小麦の産地は、ロッキー山脈東部の中西部諸州であり、その対日輸送は、ミシシッピーをはしけで下り、メキシコ湾からパナマ運河を通って持ってくるというコストの高いものであった。これでは太平洋岸のバンクーバーから輸送するカナダに太刀打ちできるわけがなかった。

アメリカが市場開拓PRを強めれば強めるほど、競争相手のカナダを喜ばせてしまう――。スピルータ代表が悩むのも無理はなかった。結局、彼は「やれることはすべてやったが、日本市場の開拓は困難が多すぎる」と辞表をしたためて、日本を去ることになる。昭和三十三（一九五八）年五月、彼が赴任して丸二年目のことであった。スピルータ氏の予感は当っていた。この年の対日輸出実績は、PL四八〇による円貨販売の完了にともなって急激に落ちこみ、アメリカはトップの座をカナダに開け渡すことになるのである。

当時（一九五八年）日本の小麦輸入量二二〇万トンのうち、カナダ産一一〇万トンに対し、アメリカ産は一〇〇万トンであった。

スピルータ氏の突然の辞任にあわてたのは、バウム氏たち小麦栽培者連盟の幹部であった。早速、後任探しが行なわれ、ジェームス・ハッチンソン氏に白羽の矢が立った。

ハッチンソン氏は、この年の十月に赴任することになるが、その駐日期間が昭和四十九(一九七四)年まで続くことになろうとは、この時は想像さえしなかったであろう。氏は一六年間にわたって駐日代表を勤めあげ、のちにアメリカ農務省の輸出促進局長にまでスカウトされる〝切れ者〟であった。駐日代表を命ぜられたハッチンソン氏の使命は、もはや小麦食品全般の普及宣伝ではない。いかにしてアメリカの小麦を売りこむかがすべてであった。

ポートランドのブラック・ボックスで話を聞いた時、リチャード・バウム会長は対日市場開拓事業は三つの段階を経て発展したと述べた。

それは次のようにまとめられる。
◇第一段階(一九五六~五八年)「ソフトセール(柔軟販売政策)」の時代
事業はアメリカの小麦に限定せず、小麦食品全般の販売促進を目ざした時期である。
◇第二段階(一九五八~六〇年)「セミ・ハードセール(中間的積極販売政策)」の時代
これは、究極目標であるところの「アメリカの小麦」を買わせるように、日本の食糧庁、製粉会社、最終ユーザーに対して働きかけだした過渡的な時期である。この時ハッチンソンが東京に赴き、またオレゴン小麦栽培者連盟はアイダホ州、ワシントン州の参加を得て、アメリカ西部小麦連合会に改組発展している（一九五九年）。

◇第三段階（一九六〇年〜）「ハードセール（積極販売政策）」の時代

「アメリカ小麦」を前面に押し出して競争国と戦った時期である。ハッチンソンはよく働き曾根康夫氏の参加もあってわれわれはこれに勝利した。

ハッチンソン氏の日本赴任によって、アメリカはハードなたたかいの準備体制に入った。もはや「日本国民の栄養改善のお役に立ちましょう」といったソフトな仮面はかなぐり捨てざるをえなかった。新任のハッチンソン氏はどんな方法で、このたたかいに勝利したのであろうか。

二代目代表のハード作戦

東京に赴任したハッチンソン代表は、従来のキッチンカーや給食普及活動を継続させながらも、心の中では「いかにアメリカを売るか」を必死に考え続けていた。このままカナダに油揚をさらわれてはたまらない――バウム氏も再三来日し、二人は作戦会議を繰り返した。

二年間の準備期間を経て、昭和三十五（一九六〇）年、ついにハードセール作戦は火ぶ

図11　1960年1月，アメリカ大使館でキッチンカーの契約延長のサインをしたハッチンソン氏（前列左）

たを切る。この年、カナダの対日輸出量はアメリカを断然引き離し、二倍近くになっていた。もうアメリカ小麦にうしろはなかった。

バウム＝ハッチンソン体制が考えたハードセール作戦は、アメリカの硬質小麦をロッキー山脈を突き越えて西海岸まで運び出し、輸送コストの軽減をはかることであった。

いま考えれば当り前の方法であるが、パン用小麦はガルフ（メキシコ湾）から出すのが常識であった時代に、この山脈越えは全く未知のルートであった。この方法のネックは、はしけに比べてべらぼうに高い鉄道運賃の問題であった。バウム氏はアメリカ農務省に日参し、政治的解決の道を懇請した。この時動いた人物が、のちに〝ダルマさん〟の愛称で日本の小麦業界にも知れわたるパルバルマッカー輸出促進局長であった。パルバルマッカー氏は鉄道会社と直談判を続け、遂にロッキー越え運賃の大幅引下げに成功する。アメリカ中西部のパン用小麦が、こうして太平洋岸から船積みされて、日本にやってくることになったのである。

ハードセール作戦の第二弾は、アメリカのパン用小麦が決してマニトバ小麦に負けない品質を持つのだと、日本人に認識させることであった。

当時、アメリカのパン用小麦（DHW・ダークハードウィンター）は、輸送面からくる価格問題もさることながら、カナダのマニトバ小麦に比べると、二流品であるとの評価が日本では一般的であった。アメリカものは味が落ちるから消費者が好まない、だからパン屋も使いたがらない。こうした世評を受けて、食糧庁までが「アメリカはもっと値段を下げるべきだ。これ以上の買い付けはむずかしい」と言うのであった。

ハッチンソン代表は、「正しい焼き方でつくりあげたアメリカパンがどんなものであるか」――関係者に食べさせてみることを考えた。論より証拠というわけである。ハッチンソンは、すでに学校給食の農村普及事業を通して協力関係にあった文部省幹部に働きかけて、全国の学校給食実施校を舞台に、大がかりな実地試食のデモンストレーションを行なうことにした。

昭和三十六（一九六二）年九月十九日と二十日の両日、東京千駄ヶ谷のパン科学会研究所に全国から二一人のパン業者が集まった。アメリカ小麦を使ったパン焼き中央訓練教室が、第一ステップとして開かれた。この訓練コースの総括指導には、パン科学会所長の阿久津正蔵氏が当った。氏は日本の製パン科学の権威であり、アメリカ小麦連合会の協力者であった。アメリカ硬質小麦（DHW）の品質について講義が行なわれ、つづいてパン焼きの実技指導に入った。もとより、この企画は学校給食に使うパンの原料としてアメリカ小麦の配合ウエイトを高めさせることを狙いとしていた。パン焼きテストは、マニトバ小麦とDHWの配合比を三種類に分けて行なわれ、その比較検討もなされた。

アメリカ西部小麦連合会が農務省にあてた報告書によれば、参加したパン業者たちは「正しい焼き方をマスターさえすれば、アメリカのDHW小麦でつくったパンは、カナダのマニトバ小麦で焼いたパンに劣らず美味しい」と試食の感想を述べたという。

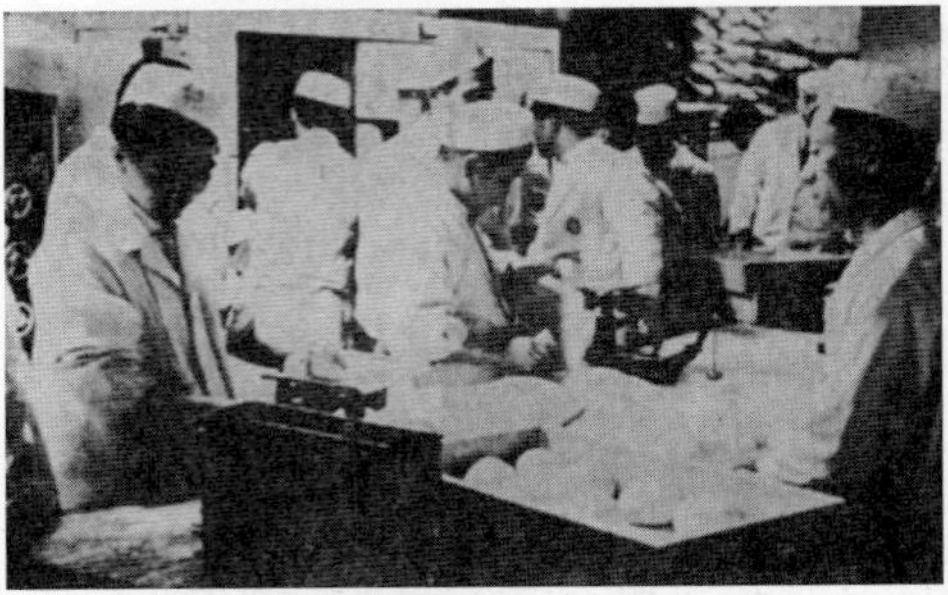

図12　パン焼き中央訓練教室　1961年9月

第二のステップは、この中央コースで指導を受けた二一人が、府県に戻り、学校の児童たちのためにパンを焼いて見せて、食味アンケートをとることであった。昭和三十六年十月二日と七日の二回にわたって、文部省の後援を受けたアメリカパンの食味テストは全国三三の小中学校で実施された。二一人のパン職人は、東京で教わった通りに三種類のパンを焼いて、三万八五〇〇人の児童生徒に食べさせた。

そうして十二月、このアンケート結果は文部省から発表された。アメリカ西部小麦連合会の報告書はこう書いている。

「文部省の結果報告によれば、マニトバ小麦のパンが特にうまいと答えた子どもはほとんどなかった。マニトバ神話は崩れたのだ。日本の食糧庁、製粉・製パン業界がＤＨＷ小麦を疎んずる根拠は何一つなくなった。このため文部省当局は、学校給食のパン原料としてアメリカ小麦の使用量を多くするよう真剣な検討に入っている」

まるで鬼の首でも取ったかのような喜び方である。ハッチンソン氏のハード作戦第二弾は見事成功をおさめた。

人脈をつくれ！

東京に着任してからハード作戦が始まるまでの二年間は、ハッチンソン氏にとって、言わば「冬の時代」であった。カナダにはどんどん水をあけられるし、オーストラリアもジワジワと食い込んできた。日本の食糧事情も、稲作の豊作続きによって飢えの段階を脱却し、代用食として小麦が求められる時代ではなくなっていた。その上、政府協定による小麦贈与が終ると、無料の贈り物で売った恩義も通用しなくなった。アメリカだからというってきていた。

だけで特別扱いを受けることは少なくなり、接触する日本の関係者もビジネスライクにな

こうした中でハッチンソン氏が得た一つの教訓があった。日本人との商談をまとめよう

と思えば、まずその人と個人的に親しくなることが第一である。日本人は、価格や品質問

題だけでなく、〝人情〟で商売をする人種であると悟ったのである。彼はまた、小麦の買

い付けにあたって食糧庁がどんなに強い権限を持っているかも肌身をもって感じとった。

バウム氏からは、あの初期の交渉の苦労が語り伝えられていたにちがいない。ハッチンソ

ン氏は、食糧庁との間に太い人的パイプをつくる必要性を考え始めていた。

こうした時に、彼は得がたい日本人の味方をスカウトすることに成功する。あの曾根康

夫氏（現東京事務所次席代表）が戦列に加わったのである。ＧＨＱの公安情報官の経験を持

ち、政争の激しい山梨県で知事の補佐官として米軍との交渉に当ってきた人物である。

政・官界の裏の事情にもくわしい曾根氏の加入は、ハッチンソン氏にとってどんなにか心

強いものだったろう。

「驚いたことに、入ってみたら交際費の予算さえなかったのですよ」

曾根氏は当時を想い出しながら、こう語った。

「あれは安保改定で大騒ぎした年（一九六〇年）でした。四月のある日、私は初めてバウ

ムさんとハッチンソンさんに会いました。当時、私は山梨県知事室にいましたが、外事関

係が仕事ですからよくアメリカ大使館には出入りをしていたのです。ある時、主席農務官のエルキントンさんから、小麦の市場開拓の手伝いをしてくれないかと頼まれまして、それでバウム、ハッチンソンの両氏に会うことになったのです。

小麦については素人でしたが、何か日米の相互利益のために働いてみたいという気持は、前々からあったものですから、この申し出を受けることにしました。天野知事に相談したら「君はどうせ東京でブラブラしているのだから、知事室の仕事はそのままで手伝ったらいいじゃないか」と言われましてね。しかし、こうして二〇年近くも続けることになるとは夢にも思いませんでした」

曾根氏の任務は、政府当局や小麦関係業界との接触を深めることであった。そして、大石政務次官の渡米（昭和三十一［一九五六］年）以来途絶えていた要人招待の復活が検討された。これがハードセール作戦の言わば第三弾であった。

昭和三十六（一九六二）年、食糧庁第二部長の村田豊三氏を団長とするアメリカ小麦視察団が出発する。メンバーは食糧庁の中検査課長、製粉協会の沼田恵之助氏、全パン連の井上専務を含めた四名であった。この時の視察の日程が、アメリカ小麦全般ではなく、パン用小麦の生産流通の視察を中心に組まれたことはもちろんである。一行は日本人視察団としては初めて、ロッキー山脈を越え、ＤＨＷ小麦の産地であるモンタナ州に足を運び、カナダ国境沿いに広がる雄大なパン用小麦の畑を見せられた。

小麦産地をまわり、ワシントンでは農務省幹部とも交流を深めるこうした食糧庁ミッションは、この後も年一回の恒例行事となってゆく。道案内は曾根氏の役目となった。曾根氏らがあまりに食糧庁を重要視するものだから、アメリカ側関係者の間では、農林省の下に食糧庁があるのではなく、食糧庁の下に農林省があるものと感違いする人が少なくなかったとさえ言われている。事実、アメリカの小麦生産者にとっては、食糧庁長官は農林大臣以上のＶＩＰであった。

食糧庁と並んで重視されたのが、小麦の基幹産業である製粉業界である。ミラーズ・ドーターが喝采を浴びた昭和三十四（一九五九）年は、アメリカがまさにハード作戦に入ろうとしている時であった。製粉チームのアメリカ招待も年中行事となり、同時にアメリカからの小麦関係者チームの来日も頻繁になってゆくのである。

こうして曾根氏の引率によりアメリカを旅行した食糧庁・製粉業界要人の数は、いまや優に一〇〇人を超える。その人びとに対して曾根氏が持つ影響力は絶大である。食糧庁視察団はその後、農林省が経費を負担することになったが、今日まで続いており、昭和五十二（一九七七）年には十五回目を記念して、大河原食糧庁長官名で感謝状をたずさえて渡米している。

バウム氏やハッチンソン氏たちが、いかに人脈づくりを重視したかは、彼らが発行したパンフレットからもうかがえる。これはアメリカ西部小麦連合会が、アメリカの小麦農民たちに海外市場開拓事業の重要性を訴えるために配布されたものである。市場開拓の四大活動を、「小麦流通情報の提供」「技術指導」「宣伝活動」と列挙し、その筆頭として「顧客と親しくなること」をあげて、こう記している。

「アジアの国々、特に日本においては、ビジネスを始める前に、まず相手とうちとけることが重要です。顧客側が私たちを知り、理解し、信頼できると判断した場合にのみ、彼らはビジネスの話しに乗ってくるのです。

日本においては、この相互信頼の関係を政府筋と業界筋の双方に築かなければなりません。アメリカ西部小麦連合会は、アメリカ人の代表を日本、フィリピン、インド、台湾に置いていますが、彼らの仕事の中でも重要な位置を占めるのは、当事国の人々と接触を深め、その人たちの友情と信頼をつかむことなのです。これは彼らの家族にもあてはまることで、特に夫人の役割は重大です。

例えば、日本代表の夫人（ミセス・ハッチンソン）は、長年にわたって日本の大学生に英会話を教えています。インド代表の夫人は、看護婦の資格を持っているので、一週間に一日は、近くの病院で奉仕しています。

もう一つ、顧客と親しくなる方法は、その国の政府・業界の代表者をアメリカ視察に招待することです。彼らはアメリカの小麦事情についてあらゆる角度から見聞を広めながら旅行します。帰途につく頃には、アメリカ小麦の品質と使用方法について十分な理解を示すようになります。そして帰国した後には、彼らは私達がその国でプログラムを行なうにあたっての将来の重要なかけ橋になってくれるのです」

こう書かれたパンフレットの上のほうには、一枚の写真がある。バウム、ハッチンソンの両氏が、とある料亭で「yukata（浴衣）」を着て、日本人関係者と歓談している写真であった（本書二〇三頁に掲載）。

テレビ番組も提供

この頃には、バウム氏が当初立案した事業項目はすべて完了していた。ハッチンソン氏は、ポートランドのバウム氏と協議を重ねながら、次つぎと新しい販売促進プロジェクトを立案し実行に移していった。

昭和三十六（一九六一）年十月には、当時めざましい普及を示していたテレビジョンに目をつけ、「家庭でできる小麦粉料理」という番組を企画し、製粉協会と共同でスポンサーになっている。これは週一回の一五分番組で、TBSをキー局に全国放送された。当時、人気のあった女優の轟夕起子がレギュラーの司会者となり、有名人や料理研究家がスタジオに登場して、さまざまな小麦料理をつくって見せたのである。先にふれたパンフレットの文章でも、ハッチンソン夫人の活躍ぶりが記されていたが、ハッチンソン夫人はこのテレビ番組にも出演して自慢の小麦料理を紹介し、夫の活動に一役買っている。

視聴者の評判も良かったことから、アメリカ小麦連合会が一年でスポンサーを降りた後も、日清製粉株式会社が提供を引き継ぎ、この番組は続けられた。

すでに時代は、足りない米を補うために小麦を食べるという状況ではなかった。この昭和三十六年は、岩戸景気が謳われ、池田首相の所得倍増論が高々と打ち上げられた年である。

ハッチンソン氏は、空腹を満たすための小麦食品ではなく、魅力があるからこそ消費者に選ばれて食べられる新しい小麦製品の紹介・普及に力を入れた。パンや、めん類で消費される小麦には限りがある。小麦はホットケーキにもなれば、ドーナツ、ビスケット、スパゲティー、さらにはインスタント・ラーメンにもなる。同じパンでもロールパン・菓子パンもあれば、サンドイッチにして食べる方法もある。

こうして、ハッチンソン氏は小麦の用途を拡大する面で、第四弾のハードセール作戦に乗り出したのである。具体的な運営方法にはすでに十分習熟していた。全国食生活改善協会（この頃には会長は荷見安氏から製粉協会会長の赤木栄氏に替わっていた）と次つぎに事業契約がかわされ、そのたびごとに、新しい二次加工の業界団体が強化されてゆくのであった。

当時の事業報告書からいくつかを抜粋しておこう。

○デパート展示会（昭和三十四年）——全国の有名デパート一二会場で、めん類の新製品とホットケーキ製品が陳列された。五〇〇種ものめん製品を、新型めん製造機械と共に陳列。めん作りの実演・試食は勿論、めん食べ競争や音楽ショーを行なって観客を沸かせた。期間は二ケ月間で、全国の参加者は一五〇万人。大手製粉が消費者向けに開発した洋風ホットケーキの素も好評。なお、この催しをきっかけにして、東京に「中央粉食奨励委員会（製粉・うどん業界・政府が参加）」が発足し、地方にも同様の組織が誕生した。地方自治体の協力もあった。

○菓子屋の訓練コース（昭和三十五年）——全国六三都市で八六の講習会を開いて、ケーキやクッキーの製造技術を教えた。講師は東京から派遣し、七〇種の新しい洋菓子を紹介した。参加した菓子屋職人は一万人。各地でマスコミにもとりあげられ、消費は他の小麦食品にない急上昇を示している。協力団体は日本洋菓子協会。

○カリフォルニア・レーズンの販促（昭和三十五年〜三十六年）——カリフォルニア・レーズン協会とタイアップして乾ブドウの普及をはかり、学校給食などにブドウパンを広めさせるのが目的。二〇〇トンのレーズンを給食パン用に贈与した。日本乾果物輸入協会の協力もあってレーズンの輸入が自由化された。アメリカ人の製パン・コンサルタントが来日し、パン屋や洋菓子店でレーズン利用の技術指導を二ケ月間行った。京都で開かれた全国パン業者大会に、ブドウパンを陳列、二〇〇〇斤を配布した。この結果、レーズン輸入も伸び、ブドウパンも広まった。

○プレミックスの販促（昭和三十六年〜三十八年）——東京などの大都市のデパートや公園・遊園地にドーナツやホットケーキの出店を出し無料配布した。試食した人は一〇〇万人。実業家の家族を招いてホットケーキのパーティーも開いた。協力団体は日本ケーキミックス協会。

○ビスケットの販促（昭和三十七年）——五つの週刊誌、三つの月刊誌にビスケットとクラッカーの広告を五八回掲載した。電通が担当し、若い世代、主婦、子供を魅きつけようという狙いであった。協力団体は全国ビスケット協会。

まさにあの手この手の販売促進活動である。ハッチンソン氏はこのような様ざまな新用途の積極拡大作戦を第二次、第三次と繰り返して、市場の掘り起しを行なった。そして遂に、昭和三十八（一九六三）年、アメリカはカナダを抜いて、小麦の対日輸出量トップの座に復帰するのである。

ロッキー山脈越えの新輸送ルートの開発や人脈づくりから小麦新製品の開発・普及まで

の四連発のハードな作戦が効を奏して、アメリカはカナダとのたたかいに勝利したのであった。アメリカ小麦の市場開拓事業はこうしてハードセール時代を終わって成熟期に向う。そして最後の仕上げ段階に入るのは、昭和四十年代に入ってからであった。

一九六三年の日本の総輸入三四〇万トンのうち、カナダ産小麦一二〇万トンに対し、アメリカ産小麦は一七五万トンとなる。

日米の〝相互利益〟

ポートランドのブラック・ボックスの中で、元駐日代表のハッチンソン氏に会った。バウム会長を「対日市場開拓合奏団」の指揮者にたとえるならば、ハッチンソン副会長は第一バイオリンのコンサート・マスターであった。彼は駐日代表であると同時に極東総支配人も兼ねていた。

私たちが訪問した時、ハッチンソン氏は、カーター政権の誕生にともなってアメリカ農務省輸出促進局長のポストを退いたばかりであった。彼は新たに農産物貿易のコンサルタント会社を設立し、その事務所をゆかりのブラック・ボックス内に開くために、ポートランドにきていたのである。事務所の飾りつけを指示していたハッチンソン氏にインタビューを求めた。がっしりした体つきで、西部劇にでも出てきそうな、いかついマスクをしている。声は重く響く低音である。彼は日本での想い出話をまず彼独特の日本人論から始めた。

「私は一六年間も日本にいました。いまではたいへんいい想い出になっていますが、初めて羽田に着いた時は心細い限りでした。一人も知った日本人はいないし、言葉は通じない。初めの数か月間は、見るもの・聞くものすべてがわずらわしくて、とてもイライラしたものです。

日本人はいったいどんなものの考え方をする人びとなのか。どうしたら受け入れてもらえるのか。私はそれがわかるまで半年以上もかかりました。商談を始める前に、まず相手の気心を知ることが必要だということにやっと気がついたのです。

そして、そのためには酒という便利なものがあることも知りました。

初めは、日本人はどうして勧め帰りにあんなに酒を飲みに行くのだろうと不審に思ったものですが、そのうちに、トコトンまで酒をくみかわした仲にならねば、本当の

図 13　ジェームス・ハッチンソン氏　1976 年 11 月 30 日，アメリカ小麦連合会 20 周年行事に農務省輸出促進局長として来日したとき

信頼は生まれないことが体験的にわかってきたのです。日本人には「義理人情」とか「体面」といったものがあり、官庁や業界人の意志決定にまで強く影響を及ぼしているということは、私には発見でした。それからというものは実に酒を飲みました。食糧庁のAさんも、製粉のBさんもCさんも皆、いい飲み友達でした」

ハッチンソン氏はここで実にたくさんの日本人関係者の名前を挙げた。今日の日本農業界の中枢にある何人かの名前もあった。氏はたいへんな酒豪であったようである。私は日本の製パン業界のある専務に聞いた話を思い出していた。この専務氏は、毎晩のようにハッチンソン氏と飲み歩いたので、部下から「キャバレー専務」とあだ名をつけられたそうである。

「あなたの前任者、スピルータ氏は辞表を書いてやめたそうですね」

この質問にハッチンソン氏は「昔の仲間の悪口は言いたくないのだが……」と前置きしてこう語った。

「彼は辞表の中に「やれることはすべてやった」と書いたが、私に言わせれば、彼の活動は、消費宣伝のプロモーションだけにかたよりすぎていたと思う。それに、交際の仕方も、二次加工業者が中心でした。日本では、輸入小麦をまず食糧庁が商社から買いつけ、それが製粉会社に払い下げられて、それから初めて二次加工業者に渡るのです。彼はそうした業界間の力関係を十分に理解していませんでした。

それに彼はもともと〝悲観論者〟的なところがありまして、その後オレゴン州内でポテトの販売アドバイザーになりましたが、そこでもまた悲観的な報告を出しているようです」

――一六年間の日本の活動の中で、一番苦労したのはどんなことでしたか。

「一九六八年に、アメリカで長雨が続いたために発芽粒が発生し、低アミロという品質の悪い小麦が大量に出まわったことがありました。そのために食糧庁は二か月間も、アメリカ小麦の入荷をストップさせたのです。このときは本当に夜も眠れませんでした。バウムさんや農務省のパルバルマッカー局長も急きょ来日して奔走した結果、何とか解決できましたが、これも食糧庁や業界関係者の中に何人もの親しい友人がいたからこそできたものと思います。

一九七一年には、アメリカ西海岸の港湾ストが三か月も続くという異常事態が発生しました。小麦の受け渡しが途絶えることが危ぶまれたのですが、私たちは、港湾労働組合の幹部四人を日本、台湾、韓国に招待して、いかにアメリカの小麦が日本人の生命線になっているかを説明しました。それ以来、たいへん親しい関係が生まれ、その後はストライキの情報は他のどの機関よりも早く入るようになりました」

――うれしい想い出ではどんなことがありますか。

「皇太子妃殿下の父君である正田英三郎さんとたいへん親しくしていただいたことを光栄

に思っています。正田さんとはよくゴルフをご一緒しました。たいへんな腕前で、私がラフにつかまってウロウロしていると、いつもグリーンから「おーい、ハッチはどこにいる」とひやかされたものです。

私がアメリカ農務省の局長になることが決って、一六年住んだ東京を去ることになった時のことも印象深く覚えています。離日を前に河野謙三参院議長や前尾繁三郎衆院議長、それに倉石忠雄農相にも招かれ、それぞれ各氏から「ご苦労でした」と感謝されました。何通かの感謝状もいただき光栄に思っています」

——対日市場開拓が成功した原因はどこにあったと思いますか。

「それは私たちのとった活動方針が正しかったからだと思います。私たちの理念は、ただやみくもに売りこもうとする利己的なものでなく、〝互恵〟つまり日米相互の利益になるように事業を進めるということでした。この市場開拓事業は、言わば、〝日米共同〟の事業だったのです。事実、この活動の結果、アメリカの小麦関係者も利益を得ましたが、日本の小麦関連産業や消費者にも多大な寄与をしたと私は信じています」

小麦のおかげで、日本の農民は困っているのだが……と聞きかけて、私は口をつぐんだ。私たちはインタビューを切りあげて、収録用のマイクを片づけ始めた。するとハッチンソン氏が目ざとく、録音機の商標を見つけて、「おお、これはソニーですね。ソニーなら私の低音でも十分録音できたでしょう。私たちは、日本の工業製品の優秀さを知っています。

ポートランドの町を歩いても、ホンダ、トヨタ、ニコン……日本の製品があふれていますよ」と言うのであった。

私たちは、東京九段の武道館や赤坂のアメリカ小麦連合会の取材から出発して、アメリカ小麦がどのようにして日本人の主食の座に食い込んできたのかを追い続けてきた。アメリカのオレゴン州やワシントンまで出向いて取材する中で、対日小麦市場開拓事業というアメリカの官民一致して画策した遠大な計画があったことを知り、その活動の足どりもほぼつかむことができた。しかし、何かひっかかるものがあった。アメリカ側の関係者が、対日工作に大きな努力を払ったことはたしかであるが、それを最終的に成功に導いた影の力の存在が、わが日本のサイドにいつも見え隠れするのである。対日市場開拓はなぜ成功したのか——この質問をバウム会長にも向けてみた。彼は「それが日米互恵のプログラムであったからだ」とハッチンソン氏と同じ答え方をした。

そうだ。アメリカ小麦侵攻作戦は、〝日米共同〟戦線であったのだ。日米の相互利益があったとするなら、その日本側の利益を最大限に享受しようとした勢力がどこかにあったはずである。

日本の誰が、共同戦線を張ったのか——。

粉食大合唱の中で勝利宣言

〝米を食べるとバカになる〟

粉食奨励は、日本側がとった基本路線でもあった。敗戦によって日本は二〇〇万トンもの朝鮮米、台湾米を失い、しかも国土を荒廃させてしまった。米の供給が絶対的に不足している中で、粉食奨励はやむにやまれず生まれた「代用食のすすめ」であった。国民全体に食べさせるだけの米がないのである。したがって、この頃の粉食宣伝は、パンの栄養価値を説くものはあっても米を攻撃するものではなかった。ところが、昭和三十年代に入ると様相は一変する。その変化のようすがうかがわれて興味深いので、当時の「天声人語」（朝日新聞）を引用しよう。

「ヤミ米の値段がベラボウに上ってから、うどんやパンですます家が多くなったようだ」「うどん屋の広告をするわけではないが、せめて昼めしだけでもめん類主義にすれば、米の事情はよほど楽になるだろう。形だけ米の格好をつけた人造米というのは、いかにもみみっちい発明」「せっかく粉食の習慣が育ちつつあるのに、人造米などで米への郷愁をかりたてるのは感心できない」（昭和二十八［一九五三］年十月十七日）

このときの論調は、「米が不足し、高価であるという事情」を解決するには粉食の定着が必要だというものであった。これが、昭和三十（一九五五）年から連続する大豊作を契機にガラリと変わるのである。

「農林省はこんど米麦中心の農業政策を反省し、畜産などに重点を置いて営農の改善をはかろうという。役人の作文に終るのでなければ結構なことだ。日本人は米作りの名人で、稲という熱帯性の植物を寒冷地にも適するように品種改良をやった。それも度が過ぎて、無理な所にまで米作りをするようになっている。胃拡張の腹一ぱいになるまで米ばかり食うので、脚気や高血圧などで短命の者が多い。津軽地方にはシビガッチャキといって、めし粒を食ったコイや金魚のようにブヨブヨの皮膚病になる奇病さえある。日本では米を〝主食〟というが、今の欧米人は畜産物が主食で穀物が副食物だ。五十年前まではアメリカの農民も穀物の方を多く摂ったが、今では肉、牛乳、卵などの畜産物を主食にするのが世界的な傾向だ。その点で日本は百年も遅れている」（昭和三十二〔一九五七〕年九月五日）

ここでは、はっきりと米食批判が登場している。「米ばかり食う」と、「脚気・高血圧」そして「奇病・短命」になるとおどかされて、しかも「百年も遅れている」ときめつけられたら、誰だって不安になるだろう。この米攻撃はさらに続く。

「国民栄養白書によると去年は脚気の患者がかなりふえたそうだ。豊作続きの半面、白米食に逆もどりして、ビタミンB_1の欠乏を招いたからである。戦後、粉食が普及して脚気も少なくなったが、かつては日本人の〝国民病〟だった」「米のめしは確かにうまい。腹ごたえもある。安上りに満腹感を得るのには米のめしに限る。〝貧乏人は麦を食え〟とかつての蔵相は言ったが、むしろ貧乏人の方が米だけをたくさん食べるものだ。単一食なら米のめしがいちばん安くてうまく、腹の足しになるからだ。が、白米食によるB_1欠乏からくる何らかの栄養失陥症は全国民の二五%、四人に一人もいるというから恐しい。近年せっかくパンやメン類など粉食が普及しかけたのに、豊年の声につられて白米食に逆もどりするのでは、豊作も幸いとばかりはいえなくなる。としをとると米食に傾くものだが、親たちが自分の好みのままに次代の子供たちにまで米食のおつき合いをさせるのはよくない。ミネラルも一般に不足がちだが、ちかごろ駅などで牛乳をガブガブのむ人が多くなったのは、体質改善には良き風景である」(昭和三十三〔一九五八〕年三月十一日)

「栄養審議会では日本人の「食糧構成」について厚生大臣に答申を出した。一口にいうと、米食を減らして小麦の粉食をふやし、農家では油脂類を自家消費できるように増産し、有色野菜をもっと食べるとよい、というにある」「池のコイや金魚に残飯ばかりやっていると、ブヨブヨの生き腐れみたいになる。パンクズを与えていれば元気だ。米の偏食が悪いことの見本である。若い世代はパン食を歓迎する。大人も子供の好みに合わせて、めしは一日一回くらいにした方がよさそうだ」（昭和三十四［一九五九］年七月二十八日）

ここまでけなされたら、米の立つ瀬もあるまい。しかし、これが大新聞の一面に堂々と載ったのである。

このような論調を「科学的」に権威づけた学者がまたたくさんいたのである。中でも有名なのが、慶応大学医学部の林髞《たかし》教授であった。この大脳生理学の権威は、「米を食べると頭が悪くなる」と公言してはばからなかった。「脚気になる」「高血圧になる」「短命になる」「美容に悪い」……。

こうした米を中傷する宣伝文句が、ある時は学校給食の農村普及事業の場で、またあるときはキッチンカー講習会の場でまことしやかに説かれたのである。当時の関係者に問いただすと、誰もがいまは言い訳をする。キッチンカーを推進した日本食生活協会の松谷副会長は、こう話した。

「私たちは粉食奨励はしましたが、米の悪口を言った覚えはありません。米はたいへん優秀な食品です。ただし、米を腹一杯に食べなければ食べた気がしないという従来の満腹感というものに問題があったのです。私たちは栄養士として、バランスのとれた食事をすすめようと考え、そのためには、米だけに偏ることがいけないんだと注意しただけです。ま

図14　野良作業の手を休めてキッチンカーに集まる人々　「もっと粉食しましょう」のスローガンが見える

た米のご飯の場合、どうしても塩っからいものを同時にとり過ぎるきらいがありましてね。その点を注意しようと「米は塩を運ぶ車、粉食はタンパク質を運ぶ車」という標語は使いました。「米を食べたら頭が悪くなる」とか「短命になる」などとは私は決して申してませんし、指導もしませんでした。一二台のキッチンカーが一斉に全国各地を巡ったのですから、粉食奨励に熱心なあまりに口をすべらした栄養士が一人もいなかったとは断言できませんが……。あの林先生の説などは、私どもよりむしろマスコミの皆さんの方が大々的にとりあげたのじゃないでしょうか」

当時、林教授たちは、製粉・製パン業界の主催する講演会に引っぱりだこであった。「米を食べるとバカになる」というパンフレットは、小麦食品業界の手で何十万部もばらまかれた。この時、植えつけられた米に対するいわれなき誤解は、いまなお多くの人びとの頭のすみに残っている。日本人の伝統的主食である米が受けた打撃は計り知れず大きかった。

私たちは当時の日本側関係者を取材している中で、一本のPR映画を見つけた。借り受けて試写して驚いた。画面一杯に「後援　全日本パン協同組合連合会（全パン連）」と字幕が出て、タイトルは『いたちっ子』とある。バウム氏たちが推進した学校給食農村普及事業でPR用に使われたものであろう。監修はアメリカの契約団体であった全国学校給食会連合会となっていた。

映画はドラマ仕立てなので、あらすじを紹介する。

――ある田舎町に二つの小学校があった。山場の小学校ではまだパン給食が始まっておらず、子供たちは米ばかり食べているので、腹の出っぱった「いたち」のような体つきをしていた。一方、すでに学校給食を実施している町場の子供たちは、体位向上が目ざましく、山の子供を見つけては「いたちっ子」とバカにするのであった。山場の小学校の先生たちはパン給食導入の意義を盛んに説いたが、父兄には米づくり農家が多く、給食説明会にさえ集まらないのである。Aさんはその典型的父親で、「親がつくったご飯を持たせてどこが悪い」と頑固な態度を変えなかった。そんなある日、東京へ就職したばかりのAさんの長男が結核で倒れた。Aさんは「栄養が偏っていたためだろうか」と不安になる。そして町内対抗マラソン大会の日がやってきた。Aさんの次男は山場の代表選手である。号砲一発、次男は快調にスタートを切るが、父親の声援も空しく途中で息切れし、遂に地面にうずくまってしまう。頑固なAさんも、これで納得した——日の丸弁当ではダメなのだ。こうして山場の小学校にもパン給食が始まることになり、「いたちっ子」とバカにされることもなくなったのでした。めでたし、めでたし。

いま見ると、空恐ろしい映画である。これがもし、アメリカ提供という字幕入りで上映されたら、いくら純朴な農村の父兄でも反感を抱いたかも知れない。しかし、バウム氏らは決して自ら手を汚すことはしなかった。

総資本の選択

もはや、同じ粉食奨励でも不足する米を補うための消費誘導ではなかった。米というライバルに照準を定めて、米を蹴落してでも、小麦を売り込もうとする「粉食大合唱」であった。その先兵は、興隆期を迎えた日本の小麦関連産業であった。

昭和三十(一九五五)年からの豊作続きで米は潤沢に出まわるようになり、外米輸入も急減する。彼らにとっては、「せっかくパンやメン類など粉食が普及しかけたのに、豊年の声につられて白米食に逆もどり」（天声人語）されたのでは困るのである。事実、昭和二十九年に二六・六キロまで伸びた小麦の年間一人当り消費量が、三十年に二五・一キロ、さらに三十一年には二三・九キロと減り始めたのであった。

オレゴン小麦栽培者連盟が推進して昭和三十二（一九五七）年秋に展開された全国パン祭りなどの一連の小麦宣伝広告活動は、この事態の巻き返しをはかったものであった。オレゴン小麦栽培者連盟の当時の報告書によると、「この事業にかける日本の製パン、製めん業界の熱意は異常に高く、日本側からの賛助金のウエイトがこれほど高いのは初めてのことであった。総費用一億四〇〇〇万円のうち日本側業界からの賛助金は三〇八一万円も占めた」となっている。

しかし、この頃の小麦関連産業の力はまだ弱く、毎年の米価大会でその発言力を見せつける米の陣営に比べれば、大人と子供くらいの差があった。だからこそ、バウム氏たちは技術指導、経営セミナーなどを実施して業界の体力づくりに懸命であったのである。それにしても、小麦業界だけでは回復してきた伝統的主食・米のパワーに勝つことは不可能であった。この時、彼らを徹底的に支援したのは、日本の総資本であり、その意を体した日本政府だったのである。

米と小麦の戦後史を語るにあたって、私は重要なふし目が二回あったと考えている。

その一回目は昭和二十九（一九五四）年から三十（五五）年にかけて、吉田＝東畑体制が、絶対的米不足と財政難を背景に、アメリカから大量の余剰小麦と財政投融資金を持ちこむ道を選択した時である。これがアメリカ側には、バウム氏たちの小麦市場開拓事業の突破口を開かせ、日本側には電源開発や生産性向上運動など高度成長路線の下支えの役割を果せしめた。

そして、二回目の重要な選択は昭和三十五（一九六〇）年から三十六（六一）年にかけて、岸信介・池田勇人の両首相によって決断されたものである。バウム＝ハッチンソンのハードセール作戦がスタートを切るには格好の環境が、この時つくり出される。岸首相が「六〇年安保」の改定で「日米協力」を謳いあげると、その後を受けた池田首相は「所得倍増計画」をぶち上げて、日本が工業立国を目ざすことを宣言したのである。国際競争力を持つ工業製品をつくるには安価な労働力が必要であり、そのためには安価な国民食糧の供給が不可分であった。内麦の安楽死をはかり割安の外麦に依存する主食構造をつくることが、この時国策になったのである。

それまでにもすでに昭和三十二（一九五七）年の米審から食管赤字が問題になり始めており、財界からは「高米価」批判が連発され、経済同友会の「農業近代化への提言」など「国際分業論」が幅をきかせはじめていた。そして昭和三十五（一九六〇）年、アメリカ政府がドル防衛を宣言すると、日本政府は貿易自由化大綱を作成し、農産物輸入の自由化を次つぎと受け入れてゆくのである。
「米麦斜陽論」「果実・畜産の選択的拡大」を掲げた農業基本法が制定されたのも昭和三十六年であった。

当時、アメリカ西部小麦連合会が農務省にあてた対日活動報告書では、こうした日本の食糧政策をめぐる大転換について特別に数ページをさいて分析を加えていた。報告書は、「所得倍増計画」の狙いと農業基本法の骨子を詳細に説明し、最後をこう結んでいる。
「この選択的拡大政策によって、畜産・果樹・野菜などの作付が伸び始めた反面、小麦や大豆・その他の穀物の作付は減ってきている。米の生産だけは、政府の強力な価格支持により依然根強いものがあるが、もしもこの基本計画通り進行すれば、今後日本の小麦生産は著しい減少を示すにちがいない。そうなればアメリカからの小麦輸入は大幅に増えることになるであろう」

この予測通り、国内小麦の生産は昭和三十八（一九六三）年の大不作を契機に急カーブで衰微してゆく。小麦の自給率は昭和三十五（一九六〇）年の三九パーセントから五十二（七七）年には四パーセントまで落ち込むのである。戦後食糧史の二回目の重大な政策決定は、「余剰労働力」を都市に集め、アメリカの安い「余剰小麦」を食わせて、安い優秀な工業製品を大量生産して輸出競争力を高めてゆくことであった。このためには、裏作小麦の畑からも農民が狩り出されたのである。

米と小麦の角逐が、もしも内地米と内麦の争いであったのなら、あるいは外麦の輸入がせめて日本では成育しないパン用の硬質小麦だけであったのなら、今日の農民の苦悩はこれほどのものにはなっていなかったであろう。不幸は、この時の総資本の意志決定が、生産性に決定的な格差がある日本の米とアメリカの小麦とを対等の競争関係に置いてしまったことである。ここではアメリカ小麦の勝利が約束されていた。

やがて、あのバウム氏を苦しめた食糧庁までもが「粉食の大合唱」に加わる。この頃発行された食糧庁監修の『食生活ダイジェスト』は、「小麦の生産地は世界に広く分布しているので凶作などの場合の需給調整に都合が良く、主食としては最も適当でありましょう」「主婦は栄養があって経済的に安い副食を工夫してパンのきり替えがたやすくできるようにつとめて欲しいものです」と書いている。

消費面では、「頭が悪くなってもいいのか」と「米偏重」を恫喝し、生産面では、「票田を耕せ」とばかり政治米価で「米偏重」に追い込んだ。その当然の帰結が、今日の過剰米にほかならない。

バウム、ハッチンソンの両氏がいるポートランドの港を眺めていて気がついた。日本に向けて大量の小麦が積み出されてゆく一方で、トヨタ・ホンダなど日本製の乗用車が続々と陸揚げされる光景に、あの「粉食大合唱」を演出した総資本の正体を見る思いがした。

こうして、バウム氏たちが第一に育てようとした日本の小麦関連産業は、安価な国民食糧の提供者として政府の肝いりで成長発展を促されることになった。大もとの製粉産業は、昭和二十七（一九五二）年の内麦統制撤廃により弱小工場がバタバタと倒産し、一時は三〇〇〇を越えた製粉工場が四八〇にまで淘汰されていた。さらに中小企業近代化促進法が適用され、転業見舞金の支給・臨海穀物サイロの建設などが推進された結果、全国の製粉工場数は二三〇に減り、その中でも日清・日粉・昭和産業の三大大手が七〇パーセントのシェアを占めるという寡占体制が成立してゆく。

この過程で、内麦に立脚していた〝山工場〟は駆逐され、輸入小麦に依存する〝海工場〟が製粉から製パンまでを包括した一大臨海食品コンビナートとして登場するようになった。これはもう原料輸入を不可欠の前提とした巨大投資であった。

日本の官民があげて輸入前提体制をしいた中では、ハッチンソン氏たちが展開する粉食キャンペーンは、すべてが日米共通の〝相互利益〟と見なされるものになった。アメリカは他の輸出国と競うことはあっても、直接に〝米の魔女狩り〟にまで手を下す必要はなかった。PL四八〇資金をこの互恵事業に注ぎこめば、あとは日本側が勝手に拡大展開してゆく。ハッチンソンたちは、いかに有効な〝呼び水〟を入れるかだけを考えればよかったのである。

これは、アメリカ小麦連合会の提供で始めたテレビ番組を、日清製粉が引き継いだ事実にもあらわれている。体力をつけだした日本の小麦食品産業は、国内の企業間競争に勝ち抜くために、自力でキャンペーンを開始する。今日のブラウン管にあふれるカップラーメンのCMを見るだけでも、それは明らかであろう。

アメリカが厚生省と手を握ってスタートさせたキッチンカーの事業が、所得倍増計画・農基法成立の昭和三十六（一九六一）年に、純粋に日本側の事業として引き継がれたことも象徴的である。この年の予算で、大蔵省は一〇〇〇万円のキッチンカー補助金を初めて認めた。この補助金を受けて、全国の各県が先を競って独自のキッチンカーを持ち始めた。すでに府県予算だけで購入されていた一八台に、これで二〇台が加わった。それにアメリカの手を離れた日本食生活協会の一二台を合わせれば、全国で五〇台ものキッチンカーがあの「粉食大合唱」をはなばなしく展開してゆくのであった。

実はそのキッチンカーはいまでも動いている。台数は最盛時より減ったが全国でおよそ一〇〇台である。私たちが福井県の農村で見たキッチンカーは、いまや〝もっと栄養を〟と説くことをやめ、〝肥満・成人病を防ぐ食生活〟をスローガンにかかげていた。

昭和四十一（一九六六）年、東京で開かれた日本市場開拓一〇周年の記念パーティーで、バウム、ハッチンソン両氏は日本の小麦関連業界の人びとと声を合わせて「万才」を叫んでいる。日本侵攻の共同戦線を張った、小麦の仲間たちの勝利の前祝いである。日本市場の開拓が完了するのはもう真近であった。

一億ブッシェルのダルマ

昭和四十年代に入ると、対日小麦市場開拓事業は、最後の仕上げ段階を迎えていた。すでにアメリカからの輸入シェアは五〇パーセントを越え、競争国カナダ・オーストラリアに対して絶対的優位に立っていた。そして、この頃アメリカ側関係者は、ある大きな野心を心に抱き始めていた。対日小麦輸出を当時の一七三万トンから一挙に一億ブッシェル（二七二万トン）に持っていこうと考えたのである。

アメリカ小麦連合会のハッチンソン駐日代表は販売促進活動を再び強化拡大する。昭和四十（一九六五）年一月、アメリカンタイプ・サンドイッチ普及事業がアメリカ資金五八一万円、日本の製パン業界からの賛助金九〇〇万円でスタートを切った。同年三月には第一次洋菓子普及事業（アメリカ資金七二〇万円、日本洋菓子協会賛助金一〇〇〇万円）がこれに続き、九月には第一次インスタントラーメン普及事業（アメリカ資金五四〇万円、日本ラーメン工業協会賛助金五六〇万円）そして同じ九月にマカロニ・スパゲッティー普及事業（アメリカ資金三六〇万円、全日本マカロニ協会賛助金三九八万円）とたて続けに新規の小麦製品PR事業が打ち出されている。

これらの事業の費用分担比率を見れば、昭和三十年代と比べて日本側負担分の割合が歴然と高まってきていることがわかるであろう。日本の小麦関連産業が力をつけてきた証拠である。その中でもインスタントラーメンは、開発当初の昭和三十三（一九五八）年には一一〇〇トンの生産量であったものが、この頃には二〇万トンを越える急成長を見せていた。原料の五〇パーセントはアメリカ硬質小麦である。ハッチンソン代表が目をつけないわけがなかった。

そしてこの時、マカロニ・スパゲッティーの宣伝が新たに加わったのにも意味があった。アメリカはすでに西海岸のWW軟質小麦に加えて、中西部のDHW硬質小麦を日本に運び込むことに成功していたが、これにさらに春小麦（DNS＝ダークノーザンスプリング）やデュラム小麦をつけ加えようと画策していた。デュラム小麦はマカロニ・スパゲッティーの原料である。

この新規導入の交渉のために、かつてロッキー越え鉄道運賃の切り下げに腕をふるったアメリカ農務省輸出促進局長・パルバルマッカー氏が再三にわたって来日を繰り返していた。そして昭和四十二（一九六七）年、彼は赤坂の山王ホテルに日本側関係者を集めて、用意されたダルマの片眼にスミを入れ、残った右眼に「目標一億ブッシェル」と書き込んだのである。パルバルマッカー氏はこのダルマをアメリカに持ち帰り、農務省の局長室に飾って必達を期した。

この頃、食糧庁や製粉業界の訪米チームが、さかんにDNS小麦やデュラム小麦の産地を案内されたのは当然であった。ちょうどこの年に渡米した製粉チームは、ワシントンでたまたま開かれていた下院農業委員会に招かれている。団長の沼田恵之助氏（現製粉協会相談役）は三〇〜四〇名の下院議員を前に次のような演説をした。

「日本の製粉業は第二次大戦で壊滅的な打撃を受けたが戦後二〇余年を経た今、戦前以上の目ざましい復活を遂げた。その復活の陰にはつねに米国の援助というものがあった。米が足りないで日本国民が困っているとき米国から与えられたのが、ガリオア・エロアなどによる小麦の食糧援助であった。このことが以後の粉食普及の重要な一翼をになっていることは否めない事実である。またアメリカ小麦連合会が販売宣伝や調査研究、技術指導を通して我々に与えてくれた支援はたいへんなものであった。そのおかげで、われわれ製粉業界は国民の栄養水準を高めることに寄与できるようになったのである。

図15　1964年，はじめてDNS小麦が試験輸入された　左からジョセフ・ダドソン主席農務官，ハッチンソン駐日代表，二階食糧庁輸入課長（横浜港にて）

この席を借りて感謝の気持の一端を述べたいと思う」

この発言は議会議事録にも記録され、また全米の小麦生産者の会報にも載った。日本の製粉業界の重鎮である沼田氏の演説の中で、バウム氏たちにとって最も心強い発言は「小麦の輸入量を引き続き増大させ、近い将来に五〇〇万トンにも到達させるように努力する」と述べたことであった。五〇〇万トンならば、その五五パーセントのシェアで一億ブッシェルになる。

そして、それから三年が過ぎた昭和四十五（一九七〇）年、日本の食糧庁は遂に二七二万トン（一億ブッシェル）のアメリカ小麦を買ったのである。

ワシントンからパルバルマッカー局長が、あのダルマを持って来日した。さながら凱旋将軍であった。この時の話を聞こうと私たちはパルバルマッカー氏をアメリカに訪ねた。氏は昭和四十七（一九七二）年に農務省を退官し穀物メジャーのブンゲ社に天下ったが、いまは引退していた。

「これがあの時のダルマです」とパルバルマッカー氏は大事そうにダルマを持ち出してきて私たちに見せた。

「一億ブッシェル達成の祝賀パーティーは、昭和四十六（一九七一）年の四月、所も同じ赤坂の山王ホテルで行なわれました。ダルマの右眼の上半分は食糧庁次長の内村良英氏

（のちの農林次官）が書き入れ、下半分を私が書きました。駐日大使のマイヤーさんや日清製粉の正田さんも来てくれ、バウムやハッチンソンは大喜びでした。ご覧のようにダルマの背中には列席者のサインが一杯です。食糧庁・商社・製粉業界など、ここにサインをしてくれたたくさんの日本人関係者のおかげで目標が達成されたのです。私はこのダルマに大きな意義を感じています。日本とアメリカは戦争という不幸な事態も経験しましたが、ここに相互貿易のパートナーとして手を握ったのです。日本の工業製品は優秀で、アメリカはそれを進んで輸入しています。一方、卒直に言って日本は国土が狭く食糧の自給は無理だと思います。だからわれわれの小麦を進んで買ってくれました。バランスのとれた互恵貿易のシンボルとして、私はこのダルマを大切にしているのです」

アメリカが日本の食糧庁と手を握って「小麦輸出一億ブッシェル」を祝った昭和四十六年は、実は日本の稲作が初めて大幅な減反を体験した年であった。食糧庁は、急激にふくれあがる古米・古々米の山に驚き、緊急避難と称して減反休耕を強行した。この日本人の主食生産の危機にあたって、政府はただ生産面での米減らしに汲々とする。消費面の「米離れ」に重大な関心を持ち始めるのは、さらに遅れて昭和五十（一九七五）年になってからであった。

一九七一年の日本の小麦総輸入量は四五三万トン。カナダ産小麦は、うち一〇〇万トンであった。また、日本の国内小麦の生産は、遂に五〇万トン台を割った。

私たちにとって、あのダルマはどう見ても日米互恵のシンボルには思えなかった。あのダルマは、アメリカ小麦が日本の米を制圧した記念すべき勝利のシンボルに見えてならないのであった。アメリカ農務省で、あるＰＲ映画を見て私たちはその感をいっそう深くした。

それは一億ブッシェルが達成される少し前に、アメリカ農務省が日本での市場開拓事業の成果をたたえてつくったものであった。画面はカラーで、美しい富士山の風景から始まる。つづいて狭い急傾斜の耕地で手作業で働く日本の農民の姿が映し出され、突如、新幹線が通過すると、場面は人口が増え続ける巨大都市・東京に変った。ナレーションはこう宣言する。

――日本はアメリカの小麦にとって、ナンバーワンのキャッシュ・バイヤーになった。

――このことは、アメリカ西部小麦連合会と農務省がすすめた市場開拓事業に負うところが大きい。

――日本では近年インスタントラーメンなるものが開発された。これにはアメリカの硬質小麦が使われる。

――しかし、何と言っても小麦の消費はパンで伸びた。パンが伸びた一つの原因は、アメリカの援助で始まった学校給食事業である。子供たちは、ここでパンの味を覚えると、一生食べ続けるのだ。

――キッチンカーも有効だった。これもアメリカ西部小麦連合会がスタートさせたもので、日本人の主婦たちに小麦食品の良さを確信させたのである。

――かくして、日本人の食卓は変った。日本はアメリカ農業にとって巨万の需要を持つ国である。それは小麦だけにとどまらず、アメリカの他の農産物も伸び続けている。

――アメリカ農務省は、世界各地の農務官や貿易関係者と連携し、農産物輸出の拡大に日夜努力している。

――アメリカの海外市場は大きい。そしてさらに大きくなりつつある。いまやアメリカ農民は、世界を目ざした農民となったのだ。

いま　アメリカ小麦は……

オレゴンのパイオニア農民

アメリカ小麦の対日市場開拓事業は、アメリカのあらゆる小麦関係者にとって、この上ない〝成功物語〟となっていた。その印象はオレゴン州の小麦農民には特に強かった。彼らは他の誰よりも早く余剰時代の到来を予測し、独自に海外市場調査員を東南アジアに派遣した。そしてバウム氏やハッチンソン氏らを雇い、PL四八〇が制定されるや否や、対日工作に全精力を傾けさせた。その後、他の州の参加を得てアメリカ全西部の活動組織にはなったが、最初にこの事業を発案し推進した〝火つけ役〟は彼らオレゴン農民であった。対日諸活動の費用はほとんどがPL四八〇にもとづくアメリカ農務省資金ではあったが、それに必要な運営事務費や人件費は彼らが負担したのである。バウム氏やハッチンソン氏のサラリーは、オレゴン農民が小麦一ブッシェル当り〇・五セントを積み立てた連盟独自の資金で支払われた。

オレゴン州ペンドルトンにあるオレゴン小麦栽培者連盟は、いまでこそアメリカ西部小麦連合会の一構成団体にすぎないが、この小じんまりした片田舎のオフィスこそ、対日小麦市場開拓事業の発祥の地であった。

事務局長のパッカード氏は、「この事業の草分けの頃に活躍したパイオニア農民の中で、ただ一人健在な人がいます。隣町だから案内しましょう」と言って私たちを車に乗せた。隣町とはいっても、ハイウェーを飛ばしてたっぷり二時間もかかる所であった。

その道すがらパッカード氏は、身の上話をしてくれた。彼はもともとオレゴン州の北にあるワシントン州の出身で、一九五九年にアメリカ西部小麦連合会ができた時、この道に入ったという。最初の任地は、パキスタンのカラチであった。東京、ニューデリーに続く三つ目の海外事務所の代表として赴任したのである。彼は、その時のようすを次のように語った。

「パキスタンは言語が日本のように一つではないため、会話には苦労しました。東京のハッチンソンに負けないように、日本での事業を参考にしながら頑張ったものです。キッチンカーもやりました。カラチでは、キッチンジープとかキッチントレイラーと呼んでいました。学校給食の推進もやりましたが、パキスタンでは、給食を始める以前に僻地に学校を建設することから始めねばなりませんでした。PL四八〇の資金を使ってたくさんの小学校が建ちましたが、現地ではアメリカの農務長官の名前をとって〝フリーマン・スクール〟と呼んだものです。しかし、日本の初代代表のスピルータの言い草ではありませんが、パキスタンには困難が多すぎました。政治紛争が絶えないのです。私は全力を尽して、それなりの効果をあげたと自負していますが、結局はカラチに四年いて帰国しました。インドとカシミール紛争が起こった年に事務所も閉鎖になりました。なかなか日本のよ﹅う﹅に﹅うまくゆくことはないものです。私の場合は、カラチに四年もいたおかげで、息子がパキスタンの言葉にいまでも堪能でして、喜んでいますが……」

パッカード氏はどこか寂しげであった。

一面の小麦畑に包まれた人口一〇〇〇人ほどの小さな町に、そのパイオニア農民は住んでいた。メリアン・ウェザーフォード氏、七二歳であった。

六〇〇〇エーカー（二四〇〇ヘクタール）の小麦畑を持つ大農家で、オレゴン小麦栽培者連盟がバウム氏たちを雇った頃の連盟理事長でもあった。陽に焼けた顔と艶のある太い腕が、いまも現役で農場の第一線に立っていることを物語っている。ウェザーフォード氏は、西部劇でカウボーイがよくやるように、マッチをズボンに擦りつけ、パイプで一服してから話し始めた。

「あの頃は、とにかくどうにかしないと過剰になるのが目に見えていました。小麦は、戦争でもないとすぐ余るのです。第二次大戦・朝鮮戦争とどちらもたくさんの小麦を食いました。食糧用に限らず、工業用アルコールにまで使われました。ですから、戦争がなくなれば、それに代る別のマーケットを創る必要があったのです」

——どうして日本に着眼したのですか。

「オレゴンの農民にとっては、東にそびえるロッキー山脈から比べれば、太平洋の彼方に活路を見つける方が簡単だったのです。一九四九年第一次視察団として東南アジアに派遣したベル君は四か月にわたって綿密な調査を行ないました。彼は東京でマッカーサー元帥にも会ってアドバイスを受けています。ご存知のように、マッカーサーはその翌年に、アメリカの小麦を贈与して日本のパン給食を開始させてくれました。われわれはこの頃から日本市場の有望性をはっきりと意識していました。そして一九五四年、われわれの猛運動のかいがあって、ＰＬ四八〇が成立すると、今度はバウム君ががんばってくれました。日本は最重点のターゲットでした。なぜなら、日本は食べ物が不足しており、しかも政府自体が米より小麦を普及することに熱心で、パン給食などを推進していたからです。私自身も何回か日本での活動の視察に行きましたが、すべてが順調すぎて驚いたくらいです。あれだけたくさんの事業契約を行なって、一つもキャンセルがないのはたいへんなことです」

――対日市場開拓事業の結果をどう見ていますか。

「正直なところ、これほど成果をあげるとは想像していませんでした。こんな片田舎の百姓たちが止むに止まれず考え出した小さな知恵が、こんなに壮大な事業となって成功をおさめたのです。これほどドラマチックでスリルに満ちた物語が他にありましょうか――。

私の祖父は、一八七一年にこの辺境の地に初めて開拓に入ったパイオニアの一人でした。その子孫である私が、外国市場の開拓という難業を成功させたパイオニアの一員になれたのです。私はこのことをたいへん名誉に思っています」

メリアン・ウェザーフォード氏はやおら立ち上がって、外を指さした。

「窓からの景色を見てください」彼の家はコロンビア川に面し、川沿いの穀物エレベータを見下ろす小高い丘に立っていた。

「私はここから見晴らす風景が気に入って、数年前にここに住いを移したのです。ごらんなさい。いまエレベーターから、はしけに積み降ろされている小麦が、川を下ってポートランドに行き、そこからはるか日本にまで船積みされてゆくのです。私はこの窓から外を眺めるのが大好きです」

ウェザーフォード氏の夫人が、昔のアルバムをかかえて持ってきた。二人で日本視察に行った時の写真がたくさんあった。

「国会議員の大石さんは元気に活躍されていますか」と夫人は私たちに聞いた。第一次訪米ミッションとしてオレゴン州にやってきた大石武一政務次官とは、その後も家族ぐるみの交際をしているという。

「ご子息のマサミツさんが一時期カナダで生活なされていたときは、よく家族を連れておいでになりました。たいへん立派な方でした」

こう話すウェザーフォード夫人は大の親日家であった。

——ところでウェザーフォードさん、小麦がまた最近余ってきているようですね。

「その通りです。しかし、私は悲観論者ではありません。アメリカには自由主義と開拓精神の伝統があります。アイゼンハワーやベンソンは小麦余剰の解決方法を農業保護主義にではなく、自由貿易の拡大に求め、そして成功しました。その意味で、いまのカーター大統領やバーグランド農務長官がとっている保護主義に私は反対です。小麦のセット・アサイド（作付制限）などは行なわず、もっと市場開拓にエネルギーを向けるべきなのです」

そして、ウェザーフォード氏は、

「私は根っからのリパブリカン（共和党支持者）なのだ」

と胸を張った。

次は中国市場だ！

一九七八年、アメリカ小麦の過剰在庫は三二八〇万トンにのぼっていた。単純に比較はできないが、日本の過剰米は七〇〇万トンで、PL四八〇が成立した一九五四年頃のアメリカ小麦の在庫でさえ二五四〇万トンであったから、その異常さがわかるであろう。

戦後の三〇余年間を振り返ると、アメリカ農政は一貫して余剰とたたかってきた歴史だったといっても良かろう。アイゼンハワー共和党政権が実施したPL四八〇や、弾力的価格支持（事実上の値下げ）政策により小麦の余剰はいったん減る傾向をみせたが、ケネディ民主党政権の価格保護もあって一九六一年には三八四〇万トンという戦後最高の在庫を記録している。この時、在庫切り崩しに役立ったのはソ連の大不作であった。一九六三年、三〇パーセント近い減産に追いこまれたソ連は、一〇億ドルもの金貨を使って、主にカナダと豪州から一〇〇〇万トンの小麦を買い付けた。さらにアメリカのケネディ政権にも四五〇万トンほど買いたい意向をみせてきた。だが、キューバ危機からまだ一年も経っていない時である。前農務長官のベンソンもケネディ大統領の宿敵ニクソンも小麦販売は「利敵行為」だと反対した。結局ケネディは、キューバへ再販売を行なわないこと、アメリカの船舶を多く利用することなどを条件にこの販売に踏み切ろうとするが、その半ばでダラスの凶弾に倒れる。後任のジョンソンが最終的にソ連に売った小麦の量は、港湾労働者の反対運動もあって、予定の半分に満たない二〇〇万トンであった。しかし、このソ連の大量買い付けが小麦の余剰削減に果たした効果は大きく、世界の小麦相場は一・六ドルから二・三ドル（ブッシェル当り）に急騰した。

さらに一九六六年にはインドの大飢饉が起り、アメリカはガンジー首相の援助申し出に対し、ベトナム戦争批判の態度を改めることなどを条件につけて、数百万トンの小麦を援助している。こうした海外の大凶作を契機に小麦在庫は減少を続けてゆくが、それが発展途上国の「緑の革命」の一時的成功などで再び急増しようとする矢先に、再びソ連から神風が吹いた。あの穀物危機の引き金となったソ連の大量買い付けが行なわれたのである。

一九七二年、再び大凶作に見舞われたソ連は、アメリカから何と一二〇〇万トンもの小麦を買い付けた。カナダなど世界市場から購入した総量は二〇〇〇万トンという膨大なものであった。この時のアメリカ大統領が、前回のソ連向け販売を「利敵行為」と批判したニクソンであったのは、皮肉なめぐり合せであるが、この前年に金・ドル交換停止（ニクソン・ショック）でドル防衛を声明していた大統領にとっては、一石二鳥であった。穀物相場が三倍にも急騰し、アメリカが大豆輸出規制をとったために、日本で豆腐が値上りしたのは記憶に新しい。

このソ連買い付けによってアメリカ農業は二〇年ぶりに、休耕のないフル生産の黄金時代に突入した。もうかる農業に新規参入者が殺到した。しかし、このブームも長くはなかった。その直後に石油インフレが襲い、農機具・肥料のすべてが高騰し始めるのに対し、穀物価格は急カーブで低落をみせたのである。巨額の投資をして「さあ、これからもうけよう」と考えていた新参農民たちの打撃は特に大きく、アメリカの農民運動史上でもめずらしい過激なトラクターデモがホワイトハウスを揺さぶった。この渦中に登場したのがカーター大統領・バーグランド農務長官の民主党政権であった。新たな農産物過剰時代をどう乗り切るかが、この新政権の課題であった。

一九七八年の夏、私たちはアメリカ農務省でバーグランド農務長官と会見した。この年の一月、全米各地からワシントンに集結してくり広げられた農民デモは、かつてない大規模のものになった。すでに前年からは、二〇パーセントの小麦休耕が再開されていた。私たちが訪ねた日はちょうど農務長官の記者会見が行なわれており、その席で彼は「小麦の休耕政策を来年度も継続する」と表明していた。冬小麦の播種前に発表するのが慣例なのだという。

私たちは広報官のダドニイ氏に案内されて、農務長官室に入った。大きいスイートルームで、この一角だけはガラス格子で仕切られていた。ダドニイ氏は「われわれはここを「ガラスの檻《おり》」と呼んでいるのですよ」と言って笑った。ブロンド髪の若い女性秘書に迎えられて中に入ると、床一面に赤いジュータンが敷かれ、その奥にもまたいくつかの部屋があるようである。農務長官の執務室はその一番奥まったところにあった。

「私はミネソタの百姓の出身です」

バーグランド長官は、いきなりこう話し始めた。ミネソタ州のローゼウ市郊外で、いまも六〇〇エーカー（二四〇ヘクタール）の農場を経営しているという。ピーナッツ農場を持つカーター大統領ともども「農民の気持のわかる政権だ」と言いたいのであろうか。

——今日は小麦についてお話を聞きたくて参りました。小麦の対日貿易についてどう評価していますか。

「最高だと思います。詳しくは知りませんが、これまでに日本とアメリカの関係者が多大な努力を払ってきたおかげで、日本はアメリカの小麦にとって最大のお得意さまになったのだと承知しています。今後もより以上の小麦を輸入するよう期待しています。米から小麦への食生活の転換が、日本だけでなく東南アジアの各国で起っていることを、私は非常に心強く思っているのです」

——日本はアメリカの小麦に依存しすぎているという声もあるのですが。

「アメリカは信頼できる輸出国です。たしかに、大豆の輸出規制で一度ミスを犯したことがありましたが、カーター大統領は絶対に輸出停止を行ないません。アメリカの小麦が日本人の生命線になっていることは十分承知していますから、大丈夫です。約束します」

——日本ではいま、米が余って困っているのですが。

「それも聞いています。外国の政策に口を出すつもりはありませんが、もっと企業努力をして輸出をしたらどうなのでしょうか」

意外な回答であった。日本の米は商業ベースで輸出するには高すぎる。しかも東南アジアで一般的に食べられているインディカ種とは全く別のジャポニカ種である。それを説明しても長官は「高すぎるなら支持価格に問題があるのでしょうし、品種が他国に馴じまないならそれなりの販売努力をすればいいのではありませんか」と自説をまげない。私たちはこの輸出志向にこそアメリカ農政の根本があるのだ、と改めて知らされたのである。

――アメリカでも小麦が余り始めていますが、どう考えていますか。

「三二〇〇万トンほどの余剰がありますが、今日発表した休耕計画に農民の協力が得られるなら、これ以上に在庫は増えないでしょう。また貯蔵については、政府一括方式をやめて、農民独自に倉庫を持つように融資もしていますから、さほど重荷とは思っていません。それにいま、大きな期待のもてる市場が登場しようとしています。それは中国です。中国は一九七三年以来途絶えていたアメリカ小麦の買い付けを、今年は二回にわたって行ない、合計で二〇〇万トン買いました。今後も増やしたい意向があり、私はその交渉のために十一月に北京に飛ぶつもりです。中国は九億人の巨大な潜在市場です。その中国に販売するためなら、カーター政権はどんな立法措置をも講じるでしょう」

「自力更生」と訣別し、「四つの近代化」を唱え始めた中国の華国鋒・鄧小平新体制の出現は、アメリカにとって格好の新市場を提供したのである。

私たちはワシントンでアメリカ西部小麦連合会が主催し、農務省要人を招待するレセプションを取材する機会を得た。バウム会長は姿を見せなかったが、ワシントン事務所をあずかるジーン・ビッカース副会長がパーティーをとりしきっていた。会場には一〇〇人近い農務省幹部にまじって、ちょうど食糧庁の一行を引率してきた曾根康夫氏の顔もあった。やや遅れてバーグランド農務長官が会場に入ってきた。長官のまわりに人垣ができたが、その中にひときわ目立つ服装をした中国人外交官がいた。

「十一月には訪問できると思います。秋の中間選挙の応援がありましてね。それが終われ
ばすぐにでも……」

バーグランド長官は、中国人外交官とにこやかに会話を続けている。別れぎわにがっし
りと手を握り合ったのが印象的であった。

この後、九月にアメリカ議会は共産圏への農産物輸出にも〝長期延べ払い信用〟を供与
することを決めた。そして十一月四日、バーグランド農務長官は北京を訪問し、農産物の
輸出拡大について李先念副首相らと会談した。その成果はすでにあらわれ、中国向け穀物
輸出は一九七九年に入って飛躍的な伸びをみせている。

同じ頃、中国の人民日報に載った一つの記事が私たちの目を引いた。見出しは「食在機
械化」とある。パン食革命を呼びかけた中国版の食生活改善キャンペーンであった。文面
には、「伝統的な主食である饅頭《まんとう》は作るのに手間がかかる。その点でパンは工場で大量生
産も可能だし、栄養も豊富である。国民がもっとパンを食べるようになれば、饅頭づくり
の手間を他の生産的労働にふり向けることができる」と書いてある。

小見出しは「パン食革命の先進国である日本を見習おう」となっていた。

バウム氏との再会

あの〝小麦のキッシンジャー〟は今年も日本にやってきた。出迎えに行く曾根氏に同行して私たちは大阪国際空港にでかけた。バウム氏の来日は最近では、東南アジアの各国を一巡したついでに立ち寄る程度のものになった。日本市場の開拓は、あのダルマ祝賀会の時に仕上げを完了している。あとは〝アフターケア〟さえ怠らねばいいのである。バウム氏はソウルから大韓航空機で大阪空港に着く予定になっていた。曾根氏が待つ空港ロビーのテレビには「米を見直そう」という政府広報が空ぞらしく流れていた。

リチャード・バウム氏は、いつものようにアタッシュケースをさげてタラップから降りてきた。三一歳ではじめて日本の土を踏んでから、すでに二五年が過ぎている。六十数回目の来日であった。バウム氏は一週間ほどの滞在期間をフルに使って、大阪・名古屋の製パン工場から東京の商社、製粉業界まで関係機関との会合を繰り返した。レセプションなど夜のスケジュールもいっぱいのようであった。そして今回も食糧庁長官への表敬訪問を欠かさなかった。この重要なＶＩＰ表敬訪問には曾根氏とアメリカ大使館のジョン・ビショア農務官も同行した。

赤坂のアメリカ小麦連合会事務所で、改めてバウム氏と曾根氏にインタビューをした。

――今日の来日の目的と現状を見ての印象を聞かせてください。

バウム　目的はいつも変わりません。日本の小麦産業関係者や食糧庁と接触を保って、アメリカ小麦のシェアを確保し、できれば少しでもそれを伸ばすことが目的です。日本では過剰米の問題がより深刻化していることに気づきました。私は小麦食品が日本人に定着したものと確信していますが、もしも政府が意識的に小麦の供給を削減したりするならば、アメリカは重大な関心を払わざるを得ないでしょう。

私たちは経済活動に対して、何らかの政治的抑圧が加わることを最も忌み嫌うものです。去年はご承知のコリアゲート（韓国による米議会の買収工作）事件が発生して、ハラハラしました。米韓関係に政治的な摩擦が生まれて、一時は豪州やカナダがそのすきに韓国の小麦市場を奪おうとする気配まであったのです。韓国は日本に次ぐアメリカ小麦のお得意さまで、年間一四〇万トンの販売実績にするまでにはずいぶん苦労したのです。私たちはアメリカ政府や議会に対して、コリアゲート査問会を早く収拾するよう働きかけ、事なきを得ましたが……。

――今回まわった東南アジアのようすはどうでしたか。

バウム　アジアの各国で小麦消費が着実に伸びています。インドネシアでは一人当り消費量が一年で三〇パーセントも増えました。台湾でも韓国でも、私たちが市場開拓事業をやり始めた時から見ると、二倍の消費になっています。米から小麦に食習慣が移行するのは全アジア的な現象です。日本が第一のペース・セッター（布石）になり、いまや第二・第三の日本が続々と育ってきているのです。

――中国市場はどうですか。

バウム　残念ながら私はまだ中国には行っていません。去年、バーグランド長官が訪中する頃に、オレゴン州知事と一緒に訪問する計画がありましたが、知事選挙の関係で流れてしまいました。しかし、今年の春、農務省のヒューズ海外農務局長の一行が訪中したときには、私たちの仲間であるワシントンのビッカース副会長が同行しました。中国側は、「年間五〇〇～六〇〇万トンの小麦をアメリカから買う用意がある」と言ったそうです。未知数ですが、将来はたいへんな市場になると期待しています。機が熟すれば、北京に連合会事務所を置くことも検討したいと思っています。

――中国ではパン食革命に熱心だと聞いていますが、いかがですか曾根さん。

曾根　実は今年の三月に中国から八人の製パン技術視察団が来日して、私たちもそのお手伝いをしました。政府の商業部機械局長が団長で、上海や北京のパン工場長もいました。日清や日粉などの製粉工場から、山崎や敷島のパン工場、そして製パン機械のメーカーとかスーパーマーケットまで熱心に見て行きました。中国にとっては、国境紛争などの非常用食糧としてもパンを重視しているように見受けました。

最近では東京事務所の仕事の中で、こうした東南アジアからの小麦産業視察団のお手伝いをするウエイトが高まってきました。いまや、日本の製粉工場やパン工場は、その規模においても、大量生産の技術においても世界のトップレベルのものになりました。東南アジアの政府・業界の要人をアメリカに招待する視察コースの中にも、帰途に日本で工場視察することが組み込まれています。その意味で、わが東京事務所はアジアに第二・第三の日本をつくる応援をしているとも言えるでしょう。

――最後に聞きますが、バウムさんは日本で何をした人物だと自己評価していますか。

バウム　一言でいえば、私はアメリカの小麦生産者と日本のユーザーの間に立って「触媒」の役割を果たした人間だと思っています。言わば〝火つけ役〟でしょうか。

私がアメリカの小麦生産者に常づね言ってきたことが一つあります。それは「海外市場は一夜にして偶発的に生まれるものではない。あなたたちが小麦を栽培するのと同様に、種をまき、肥料をやり、雑草をとり除いて、長い時間と手間をかけてこそ初めて豊かな収穫が得られるものなのだ」ということです。

食管の危機

昭和五十四（一九七九）年は、春からまたぞろ、財界の「農業過保護論」が反復されている。しかも、今度は労働界までがその「合唱」に加わった。日経連、経済同友会、経団連それに同盟が口をそろえて食管赤字を批判し、「過保護農政をやめよ」「農民は甘えを捨てよ」「安い農産物を輸入して消費者を救え」と〝提言〟という名で農業攻撃を展開した。東京ラウンドでの一連の牛肉・オレンジ交渉が終わった矢先に、今度は国内からの「外圧」であった。

彼らがこうした「合唱」を行なう時は、かならず何かが起る。余剰農産物交渉の時も、そして所得倍増計画・農基法の時も、それは農業破壊の前奏曲であった。

米価の暑い夏が過ぎたあとの霞が関の不気味な静けさの中で、3K追放・食管解体の日が準備されてゆく。そしてその一方では、ソ連の再度の不作が引き金となって、シカゴの小麦相場は二倍近くの急騰を開始した。アメリカのバーグランド農務長官は、八月はじめの記者会見で小麦のセット・アサイド（休耕）政策を今年限りでやめることを宣言した。これに石油不足があいまって、事態はあの一九七三年頃の穀物危機の様相を示し始めている。輸入小麦はいつまでも安いわけではない。

食管法の解体が、かつて小麦がたどった道のように、米の安楽死につながらないという保証はない。戦後の食糧史の中で、三つ目の重大な選択の時にいま私たちは立っているのではないか。ここで再び道をまちがえば、日本最後の自給食糧さえ二度と戻らないことになる。

あとがき

昨年の八月、NHK撮影部の原沢辰夫カメラマンと私は、一か月ほどのアメリカ取材を行ない、十一月にNHK特集『食卓のかげの星条旗〜米と小麦の戦後史〜』を放送した。多くの聴視者の方から「初めて聞く話だ。もっと詳しく知りたい」という反響もあり、家の光協会からのすすめもあったのでここに一冊の本としてまとめることになった。

リサーチから含めると半年近くかかって取材したテーマである。自分なりに文章の形で整理しておきたいという気持もあった。また、このままでは、日本の米が危いという私自身の危機意識もあった。米の過剰問題を消費の面からとらえ直すことにより、日本の稲作農民が置かれている状況を、都会の消費者にも自分の問題として考えてもらいたい――そう念じてペンを執った。

私は、日本人の米離れが、アメリカの小麦販売戦略に乗せられたためだと書いたのではない。日本の米が、アメリカの小麦に追い詰められてゆくプロセスとメカニズムを追究したかったのである。その点では、プロセス面に比べて、メカニズムの解剖が今一つ弱いことを白状しておく。

米と小麦の二大主食の戦後史をアメリカとの関係で書いた著作は非常に少ない。私たちの取材は全く手探りで進められた。赤坂のアメリカ小麦連合会の存在を知り、次席代表の曾根康夫氏の取材応諾を得て、初めて視界が開けたのであった。日本の農民と立場は矛盾するが、一事業をなし遂げた曾根氏の自負は印象に残っている。写真資料の提供に感謝したい。

率直なところ、アメリカの小麦市場開拓事業を一つひとつ辿っていると、この二〇年間、日本の米陣営はいったいどんな販売努力をしてきたのだろうか——と思ったことも事実である。非常識なことを言うようだが、日本の農林水産省にアメリカの海外農務局のような部署がなぜないのだろう。日本の農協組織にバウム氏のようなマーケッティングのプロが一人でもいるだろうか。米の消費拡大運動に取り組んでいる人びとに、何か「反面教師」的なヒントにでもなればと思ったのが、本書執筆に入る一つの動機でもあった。

家の光協会の織田秀樹さんから出版の声をかけていただいたときは、新たな取材を追加してより中身の濃いものにしようと決心したのであるが、結局は忙しさに紛れて果たせなかった。不備な点も多いので、読者諸兄のご批判、ご助言を待ちたい。

取材にあたっては実にたくさんの人のお世話になった。証言者の方がたや資料を提供してくれた方がたに深く感謝したい。また、半年近いロケのおつき合いをしてくれ、何度も私を励ましてくれた原沢辰夫カメラマンや高柳裕雄さん、浦伸一さん、どうもお疲れさまでした。さらに私たちの取材を適確な方向に操縦してくれた先輩の数は枚挙にいとまがない。アメリカ総局の方がたや通訳の富樫隆義さん、農林水産番組班の中野正之CP、佐川久雄CP、岸孝雄CD、原安治CD、そしてフィルム編集の吉田秋一さん、どうもありがとうございました。

昭和五十四（一九七九）年十一月

NHK農林水産番組班　高嶋光雪

補論　それは小麦だけではなかった

「小麦のキッシンジャー」の死

四六年前に刊行された『日本侵攻　アメリカ小麦戦略』を文庫化再版するにあたって、付け加えておきたい史実がある。

それは、「アメリカ小麦連合会」に遅れること五年、一九六一年に日本に進出した「アメリカ飼料穀物協会」の市場開拓活動の歴史である。

飼料穀物とはトウモロコシやマイロ（コーリャン）、大麦、裸麦、カラス麦など、主として家畜のエサとして使われる穀物のことだ。この団体は、小麦連合会のパン食奨励に続いて日本人の「肉食化」を推進し、アメリカからの穀物輸入を急増させた。

私がその団体に関心を持つきっかけとなったのは、ある重要人物の訃報だった。本書の主役ともいうべき人物、リチャード・バウムが、一九七九年四月に亡くなったのだ。私は、その年の秋に「農政ジャーナリストの会」の会報に短文の随筆を寄稿した。その原稿が残っていた。標題は「小麦のキッシンジャーの死」。こう書きはじめている。

「小麦のキッシンジャー」こと、リチャード・バウムが死んだ。

アメリカ西部小麦連合会の会長として、三十年間にわたって東南アジアを「忍者外交」よろしく跳び回り、アメリカ小麦を売り込んで歩いた男である。日本では、昭和三十年代のはじめからキッチンカーのキャンペーン、学校給食の農村普及、パン食PRなどを陰で指揮し、今日の「米離れ」の遠因を作った黒幕でもある。

彼はこの四月、マニラで開かれたアメリカ小麦連合会の極東会議に出席した後、東京に立ち寄り、そこで倒れたまま帰らぬ人となった。死因は過労による急性心不全。まだ五十六歳であった。来日回数が六十回を越える彼が日本で客死したのは「いかにもバウ

図 16　浴衣姿で顧客と懇談するバウム氏（左側手前から二人目）とハッチンソン氏（同三人目）（本書 146 頁参照）

図 17　1971 年, “1 億ブッシェル達成” パーティー時のバウム氏

ムらしい最期だった」と関係者は言う。

ＮＨＫ特集「食卓のかげの星条旗〜米と小麦の戦後史〜」（一九七八年一一月放送）の取材のためオレゴン州ポートランドを訪れ、アメリカ西部小麦連合会本部でバウム会長と初めて会ったのは、一九七八年の八月。大阪国際空港で再会し、改めてインタビューしたのが翌九月。それから一年もたっていなかった。

バウムの急死を知らせてくれた人物が、ふとこう言った。「放送を見ましたよ。今回は小麦のことしか描かれていませんね。だけど、知っていましたか。バウムに当たる人物は、大豆にも、そして飼料穀物にもいたのです。調べてみたら面白いのではないですか」。

その話を聞いて、手探りで資料集めや周辺リサーチをおこなったところ、確かに「それは小麦だけではなかった」ことが分かってきた。随筆にこう書いた。

「大豆のキッシンジャー」に当たるのはジョージ・ストレーヤーというアイオア州の大農家であった。彼はアメリカ大豆協会の副会長として、昭和三十年から再三来日し、日本の製油業界や醬油、みそ、豆腐業界に働きかけて「日米大豆調査会」を作らせている。キッチンカーの粉食ＰＲに大豆を含めるようにさせたり、生活改良普及員を動員して大豆食品の栄養宣伝も行った。

当初アメリカ大豆は、豆腐、みその製造には向かないとされていた。信州のみそ醸造家を訪ねても追い返される程だったという。そこでストレーヤーは、日本の農林省の少壮学者を十ヶ月にわたって、アメリカに招待し、アメリカ大豆でいかに豆腐、みそを作るかを研究させた。（その学者は、日本でもトップクラスの大豆たん白の権威になっている。）その結果、日本の伝統的な豆腐製造法までが変えられたという。

そして飼料穀物の分野にも「キッシンジャー」がいた。八年前、穀物メジャーのコンチネンタル社に天下りして話題になったクラレンス・パンビー元農務次官がその人である。

パンビーは農務次官になる前にＣＣＣ（アメリカ商品金融公社）の副総裁をしていたが、一九六〇年に乞われて「アメリカ飼料穀物協会」の初代理事長となった。彼の任務は、トウモロコシ、マイロの海外市場開拓であった。この年、彼は農林省の安田善一郎畜産局長の一行をアメリカに招き、翌年には河野一郎農相の肝入りで「日本飼料協会」を設立させている。この間、パンビーは何度も来日し、日本の畜産振興（それはアメリカの飼料穀物の大量使用を意味する）を説いてまわった。畜産、果樹の選択的拡大をうたった農業基本法がこの年に成立しているのも興味深い。

アメリカ飼料穀物協会では、アメリカの飼料の使用試験を日本全国の十一大学に委嘱したのを手はじめに、畜産界のリーダーの訪米研修や、動物性たん白の栄養ＰＲなどさまざまな事業を展開した。

小麦、大豆、飼料穀物――。これらは農水省が今、水田転作の目玉としている作物である。しかし、「キッシンジャー」たちの「遠大」で「周到」な戦略によって、その加工・流通の技術体系そのものがアメリカナイズされているのが現実である。いまさら内麦を増産しても、製粉会社は買いたがらない。日本の大豆では満足な豆腐ができないという声も聞く。

減反が始まってもう十年が経過している。緊急避難では済まない「遠大」で「周到」な戦略こそ農政に望まれることではないか。「小麦のキッシンジャー」の訃報を聞いて、改めてその感を強くしたことである。


小麦以外の二つの団体のうちアメリカ大豆協会については、小麦と同じ年に日本進出した団体でもあり、NHK特集の取材中に何度か耳にして多少のことは知っていた。本書でもキッチンカーに相乗りしてきたことを記述している。

しかし、一方のアメリカ飼料穀物協会については、五年後に登場してきた団体でもあり、この段階のリサーチで分かってきたことは多々あったが、不確かな面もないではなかった。改めてもっと深く調べてみなければならない。私の関心はこの団体に集中していった。アメリカ飼料穀物協会とは何か。どんな活動をしてきたのか。

アメリカ飼料穀物協会 〝パン食の次は肉食だ〟

「アメリカ飼料穀物協会」が設立されたのは一九六〇（昭和三五）年七月一日のことである。当時アメリカは急増する余剰穀物に悩まされていた。期末在庫量は同年にピークに達し、実に一億一千万トンという驚異的な数字を記録していた。そして、その三分の二以上をトウモロコシなどの飼料穀物が占めていた。

これに危機感を持ったのは生産農民たちだけでなかった。大量の在庫を抱えて倉庫代など多額の財政負担を強いられた政府と、相場の低迷にあえぐ穀物メジャーなどアグリビジネス（農業関連企業）も同様であった。しかも、その在庫増の理由が高収量トウモロコシの出現や、機械化に伴う生産性の向上という構造的なものであっただけに、事態は一層深刻であった。時のアイゼンハワー政権の下で輸出拡大の期待を込めて、官民が一体となって発足させた組織――それがアメリカ飼料穀物協会であった。

そして、この市場開発団体の最初のターゲットとなったのが日本だった。

協会の中心人物は、クラレンス・パンビー（Clarence Palmby）。後に農務省の次官補になる男である。

一九六一年、アメリカ飼料穀物協会は最初の海外拠点として日本に事務所を開設。この年、日本側は包括的な受け皿機関として社団法人「日本飼料協会」を発足させている。この協会には国内で飼料や畜産に関係する多くの会社や団体が参加した。

そして同年一〇月二日、両協会の間で基本契約調印が行われている。この契約は、共同事業を始める前に日米双方の責任分担など基本的な重要事項をあらかじめ取決めるものだった。契約書の写しが手元に残っている。それを読むと、費用負担については、原則として必要事業費の六五％をアメリカ側が負担することを保証するとなっていた。事業の実施主体は日本側となるが、個別事業の計画と予算についてアメリカ側の了承を得て初めて実行できる。また、アメリカ飼料穀物協会と農務省の監査を受けることが義務づけられていた。

署名者は日本側が日本飼料協会の蓮池公咲《こうさく》理事長（農林省OB。畜産振興事業団理事長を兼務）。そして、アメリカ側の署名者が、アメリカ飼料穀物協会のパンビーだった。この時、彼は四五歳。

ここで、契約の法的位置づけについて説明しておこう。アメリカ西部小麦連合会やアメリカ飼料穀物協会などの海外市場開発団体は、法的には、アメリカ農務省の海外農務局（FAS）が管轄する「協同者プログラム」の協同者（cooperator）として活動している。

一九五四年に立法化されたもので、ワシントンの農務省とその出先である現地大使館付きの農務官の監督のもと活動する（この年、各国大使館付きの農務官の所属は、国務省から農務省に移管されている）。農務省資金は、六〇年当時は、活動費全体の六五％が相場だった。残りの三五％は協同者の責任で現地協同者（ここでは日本飼料協会）から集めねばならない。現地の国に相応の負担を求めるのは、その事業が両国互恵のためであることを示す狙いもあったとされている（手塚真「米国農務省の海外市場開発計画」『レファレンス』三三巻四号、五一―八一頁、一九八三年）。

この契約締結を受けていよいよ、六二年から初年度事業がスタートを切ることになる。当時の日本は、戦後の食糧難はすでに過去のものとなっていたとはいえ、食肉の消費量はまだまだ低水準であった。コメを中心とするデンプン食が主力を占め、たんぱく質と言えば魚中心であった。飼料穀物を売るためには、まず日本人に食肉を食べさせることが必要だった。

日本飼料協会は、設立の翌六二（昭和三七）年六月に月刊の機関誌『飼料』を創刊していた。私の手元に初期の三年分の写し（抜粋）が残っていた。私が随筆を書くためにリサーチした際に入手したものである。発刊の目的は「飼料・畜産に関する専門誌とするとともに会員相互の親睦を図る」こと。毎月五千部を発行し、農林省、都道府県の関係先、全国の大学農学部、そして協会会員等に配布された。実は、この機関誌が極めて重要な歴史的価値を持つ資料であることが次第に分かってくるが、詳しくは後で述べていく。

創刊第二号の六二年七月号は、「本会の事業実施状況（昭和三七年五月末現在）」として初年度事業全体の一覧表を載せている。その中で、事業の大きな柱である「消費合理化促進事業の実施」（目的は豚肉の消費拡大）として次の二つを挙げている。

TVスポットの全国放送

・植木等一座の演出による食事風景とセリフ、一五秒もの
・豚ちゃん村日記を利用した字幕、一〇秒もの
必要経費二種類合計三四一万円。実施委託機関は社団法人日本放送事業団。

東京都「肉まつり」実施

都内三〇〇〇余りの食肉小売店の店頭に肉まつりにふさわしい装飾を施し、期間中、店頭での買い物客に食肉購入百円ごとに三角くじを渡し、その場で開封。当たりくじには賞品として豚肉を相当量贈呈。

期間は五月の五日間で、所要経費五一〇万円。実施共催機関：畜産振興事業団、東京都食肉環境衛生同業組合。

また、畜産物に対する消費者の好みに関する市場調査の記載もある。「全国主要都市の主婦を対象に、消費の実態と購買動機を調査。所要経費五二四万円。調査委託先は電通」。この調査は東京・大阪・新潟など五都市の主婦約二〇〇〇人を対象に個別面接方式で行った。その後のPR活動の基本データとなったという。

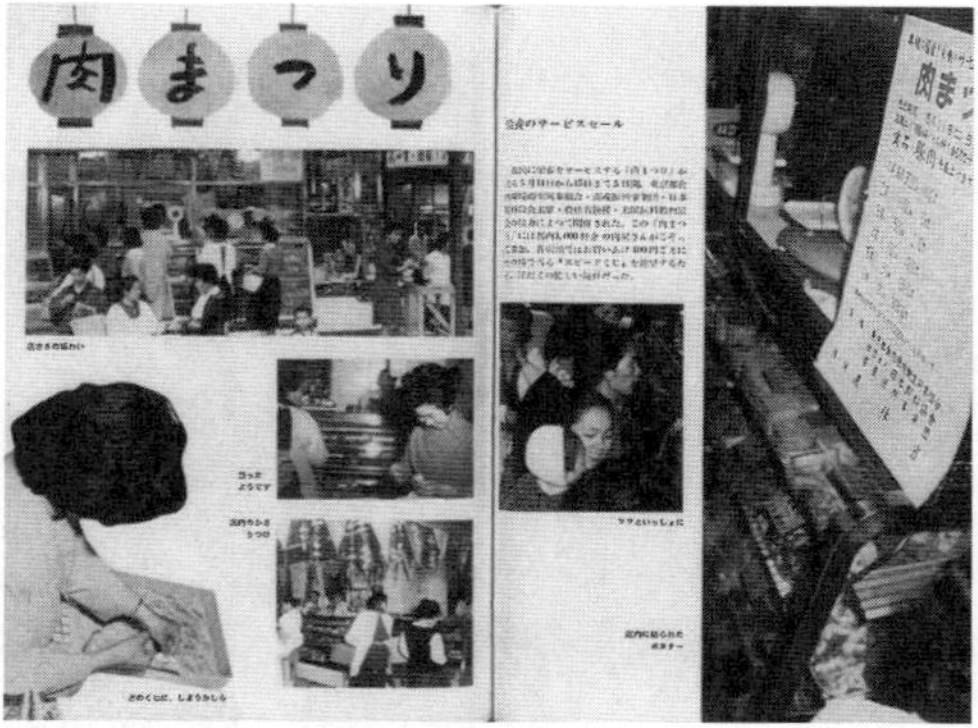

図18　初年度の「肉まつり」キャンペーンの記事

このほか家畜家禽飼養試験研究の実施が重要な柱の一つになっていた。これは、マイロおよびトウモロコシの多給（たくさん与えること）による飼養効果をアピールするために全国の一一大学農学部に委託したもので、期間は五～一〇月、所要経費は五二二万とある。委託にあたって「飼料添加剤との組合せ等も充分考慮して実施すること」と注文もつけている。

こうした初年度の事業は、数、規模ともに限定的で地味なものが多かったようだが、後述するように次第に充実していく。そして、パンビーの在任中に実績があがったため、日本のケースが海外市場開拓の成功の先例とみなされるまでになった。

このパンビーに対して、実は一九八一年にNHK取材班（吉田修一記者と羽里章カメラマン）が直接インタビューをしていた。その内容は翌八二年二月に「日本の条件・食糧」として放送され、取材記として出版もされている（私もプロジェクトに参加、共同執筆した一人）。

図19　クラレンス・パンビー氏

インタビューが行われたこの年は、日本進出からちょうど二〇年。国民一人当たりの食肉消費量は、この二〇年間に四・五倍に伸びた。中でも豚肉と鶏肉の伸びは顕著で、それぞれ八・七倍と九・六倍である。これを反映して飼料穀物の輸入量の伸びもめざましく、トウモロコシは七倍である。しかも、その九割がアメリカからの輸入であった。

インタビューを以下に引用する。

――アメリカ飼料穀物協会はアメリカの余剰穀物をさばくために、官民挙げて設立された組織だそうですが、なぜその最初のターゲットとして日本を選んだのですか。

「それは当時の日本が豊かな潜在能力を秘めた国であったからです。具体的に言うと、日本は当時すでに大量の穀物を買うだけの購買力を備えつつあったこと。一方、日本側にとって、アメリカは工業製品を売りさばく市場として極めて重要でした。つまり両国には共通の利害があり、我々は最も進出しやすい環境にあると判断したからです」

——日本へ飼料穀物を売り込むため、どんな方法をとったのでしょうか。具体的に話してください。

「それはまず日本人に肉・卵・乳製品をもっと食べてもらうように宣伝することでした。とにかく食べてもらわなくてはどうにもなりませんからね。日本人の食生活を根本的に変えることが先決だ——はじめはそのことばかりを考えていました。

私は前後十回以上日本に行きましたが、当時の河野農相も畜産の振興にたいへん積極的で、飼料穀物の輸入の必要性をよく存じておられるようでした。ですから、農林省は我々の事業にとても協力的でしたし、外務省の人達まで色々と支援してくれたものです」

——河野農相と非常に親しい関係を持っていたように聞こえましたが、そうなんですか。

「そうですよ。畜産を振興するにはどうしたらよいか、彼にはくどくど説明する必要はありませんでしたから。彼とは「ケミストリー」（ウマ）が合ったものです」

——日本で行った市場開拓事業を、今どう評価していますか。

「非常に誇りに思っていますよ。畜産の振興を通して、日本人の食生活と体位の向上に貢献できたのですから。そしてもちろん、アメリカの飼料穀物の大口輸出先も確保できたのですからね」

日本進出のきっかけは種豚の空輸作戦

ここからは、アメリカ飼料穀物協会の対日活動の展開経緯について、改めて時系列で検証していきたい。

アメリカ飼料穀物協会が誕生するにあたっては、ある伝説的な前史があった。日米をまたぐ有名な豚のエピソード「ホッグリフト Hog Lift（種豚の空輸）」がそれである。これは、一九五九年の伊勢湾台風を含む二度の台風で大きな被害を受けた山梨県の人々を励ますために、アメリカ・アイオワ州の有志が地元の種豚三五頭を、アメリカ空軍の飛行機で贈ったという物語である。

アイオワ州出身のアメリカ空軍曹長リチャード・トーマスの着想が発端で、提案を受けた全米トウモロコシ生産者協会（NCGA）のウォルター・ゲッピンガー会長が全面的に動いた。彼は自身の地元アイオワ州の下部組織を使って、当時最先端の近代大型品種であったランドレースやハンプシャーなど三六頭（うち一頭は輸送中に死ぬ）の種豚を集め、州都デモインの空港で米空軍機に積み込んだ。さらに、ゲッピンガーたちがその飼料用にと要請した結果、農務省のアイオアネス海外農務局長が政府保有のトウモロコシ六万ブッシエル（一五〇〇トン）を寄贈することを承認した。

米空軍機で太平洋を渡ったアイオワ州の豚は六〇年一月二〇日に羽田空港に到着し、検疫の後、甲府の住吉種畜場に納められた。当時の日本の養豚はヨークシャーなどの小型種が中心で、アイオワからやってきた大型種は畜産関係者も初めて見るものだった。山梨県の天野久知事もこのプレゼントを大いに喜び、アイオワ州からの州知事特使一行を出迎え、県庁で正式にアイオワ州・山梨県の姉妹関係が結ばれている。

そして、この「ホッグリフト」がおこなわれた直後の六〇年七月にアメリカ飼料穀物協会は設立されている。初代会長には、ホッグリフトの立役者であるゲッピンガ

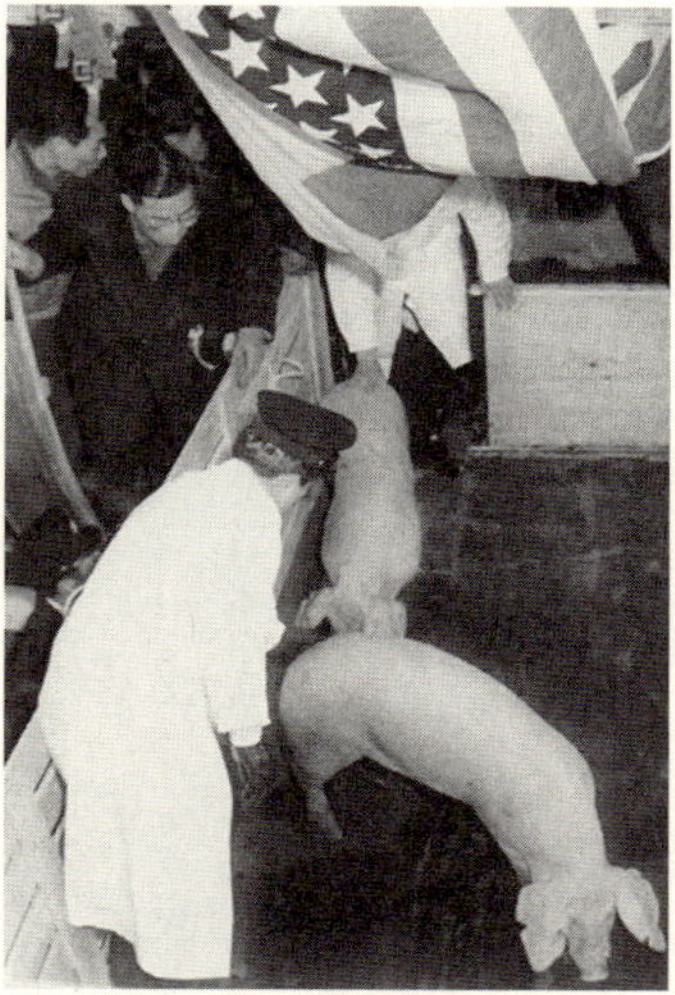

図20　羽田に到着したアイオワの種豚

ーが選任された。本部はマイロの主産地テキサス州アマリロに置かれた。

この「ホッグリフト」についてアメリカ農務省は後に極めて高い歴史的評価をしている。農務省の海外農務局FAS日本事務所が作成した報告書「日本向け米国飼料穀物輸出の歴史」(二〇〇八)によれば、「アメリカ(飼料)穀物協会の起源は一九五九年の「ホッグリフト」にある」と書いている。そして、このプロジェクトこそが同協会設立の基盤を作ったとし、その後も続く日米の信頼互恵関係の原点として位置づけている。

この一大輸送作戦「ホッグリフト」プロジェクトで日本側(農林省)との調整を担当したのは、在米日本大使館の所秀雄一等書記官だった。彼は東大法学部を卒業した農林官僚で、一九五七年からワシントンで穀物輸入の仕事にあたっていた。所はアイオワ州立大学へ留学したことがある関係でトーマス曹長とは旧知の友人で、このプロジェクトについても事前に相談を受けたという(所秀雄『生命《いのち》の在処《ありか》——食と場と人をみつめて』メタ・ブレーン、二〇〇五年)。

アメリカから飛んできた豚を日本側に引き渡す贈呈式典が行われたのは一九六〇年一月二〇日。報道陣が詰めかけた羽田の会場で農林大臣の名代として挨拶したのは、所の上司に当たる安田善一郎畜産局長だった。そして、同年七月にゲッピンガーたちによってアメリカ飼料穀物協会が設立されると、九月にはこの安田を団長とする訪米ミッションが彼らを訪ねている。さらに一一月には、今度はアメリカ側が海外マーケット調査で日本を訪問し安田たちと再会する。この相互訪問を受けて安田は、受け皿団体とすべく社団法人「日本飼料協会」の発足に向けて精力的に動き出すことになる。

（前掲FAS報告書によれば、アメリカからの視察団は厚生省とも接触していたようだ。日本の公衆衛生当局が日本人の動物性たんぱく質摂取量を引き上げることを国策としていることをそこで知り、食肉消費を増進する活動に日本政府の協力が得られるであろうことを確信したという。）

受け皿団体を作った男たち

日本飼料協会を発足させた安田とはどんな人物か。前に述べた機関誌『飼料』の創刊号に人物評が載っていた。ページ全面に大きな顔写真。標題は「畜産人　安田善一郎氏」とある。

「ここ数年、この人くらい話題を提供した人は少ない。それは類のないほど役職に精魂を傾けつづけた反応である。人使いが荒いとか感情が強いとかの評もあったようだが、昭和二五年統計調査部長に就任以来、官房長・農林経済局長・農地局長・畜産局長と、省内の重要ポストを歴任。「省議」への出席も〝十年選手〟として、まさに農林省を背負ってい

図 21　安田善一郎氏の紹介記事

るかのようであった。理論家では小倉武一氏、実践派では安田善一郎氏といわれるゆえんである」

当時の他の記事などをみると、安田は余剰農産物交渉で活躍した東畑四郎や、蓮池理事長とも、かなり違ったタイプの農林官僚であったことがうかがえる。特に河野一郎大臣の信任の厚い高級官僚として、世間には知られていたようだ。

そして、一九六四年五月号。彼が日本飼料協会の二代目理事長に選任された際の記事で、安田は日本飼料協会の「生みの親」と紹介されている。

「新理事長安田善一郎氏は当協会設立当時の畜産局長（その後食糧庁長官）であります。昭和三五年、日本飼料使節団長として渡米、渡欧。さらに同三八年、再び日本飼料チーム団長として渡米、渡加せられています。今日の協会の生まれますまでの対内対外諸方面の要請を糾合して、この協会の設立を誘導せられた実質上の生みの親とも申すべく方であり

ます」（蓮池公咲の退任のあいさつより）

安田がまさに「内外諸方面の要請を糾合して」、新団体設立に奔走するさまを報じた業界誌『養鶏之日本』の記事を見つけた（六一年四月号）。

「日本飼料協会設立準備着々と進む――畜産物に対する需要の増加とその生産の拡大を確保することが叫ばれている折から、飼料関係業界、畜産関係業界はもとより、広く畜産に関心を有する関係各種団体すべてが糾合して社団法人の日本飼料協会を作ろうという話がすすめられている」

「これは昨秋、安田畜産局長を団長とする穀物飼料事情調査団が渡米し、アメリカからも日本へ飼料穀物関係の調査団がやって来て、この日米両国の官民合同による飼料調査団の行き来により、畜産物の増産と飼料利用の増進に関して互いに協力してやろうという話し合いが契機となりこの飼料新団体設立となったものである」

続けて、同誌は創立総会の開催を報じている。以下に要約する。

「日本飼料協会誕生　四月二〇日　創立総会開催（設立日は五月一〇日）――永田町のホテルニュージャパンに、設立趣旨に賛同する関係団体各代表、農林省安田畜産局長、及び報道関係者らが詰めかけた。安田は挨拶の中でこう述べた。米国飼料協会との協力による事業について、米国からの補助による事業のため、日本の畜産発展にとりひいては日本の経済にとってマイナスの事態が起こりはしないかという心配の向きもあるが、あくまでも定款の目的に示された方向に努力するだけであって、かりにもこの目的や日本の国全体の利益から外れるようなことが起こった時は、キッパリとした態度で臨む用意があるから、その点については心配はいらない」

やはり、日本の関係者の間には、アメリカからの資金提供に対する警戒心があったことがうかがわれる。総会では発起人代表の河田師郎を議長に選出して役員体制を以下のように決めている。

「理事長・蓮池公咲（酪農振興基金理事長）。副理事長は三名。河田師郎（日本飼料保税工場会会長）、三橋誠（全国購買農業協同組合連合会会長）、江森盛久（飼料雑穀輸出入協議会会長）。常務理事・新沢信男。理事二二名は畜産関係団体を網羅。事務局参与・曾根康夫（米国小麦連合会副総支配人）」

アメリカ小麦連合会の曾根康夫が新組織の事務局参与に任命されているのはやや意外な気もするが、すでにこの業界の専門家と認められていたのかもしれない。

さらに創立後第一回通常総会が六一年八月三〇日に開かれたことも続報されている。「取材報道関係者らで会場は満員。安田食糧庁長官（前畜産局長）、新任の森畜産局長、所畜政課長、石田流通飼料課長が列席。理事は全員再選留任」とある。

直前に農林省の定例人事があり、あの所秀雄一等書記官はアメリカから帰国していた。

しかも、畜産局畜政課長という要職に就いていた。

こうして日本サイドの受け入れ準備は全て整った。あとは、一〇月に予定されている日米の基本契約の締結を待つばかりとなった。

ではアメリカ側の動きはどうだったのか。

肉食仕掛人パンビーの登場

NHKのインタビューから四年後の一九八五年、パンビーは自伝を出版していた（Clarence D. Palmby: *Made in Washington: food policy and the political expedient*, Interstate Printers & Publishers, 1985.）。

それによれば、彼がアメリカ飼料穀物協会の執行副理事長に就任したのは、六一年一月のことだという。協会が設立されて、すでに半年が経過していたのだった（この自伝によって、彼が就任した経緯や時期、そして当時の正確な肩書が明らかになった）。

それまで、彼はアメリカ農務省でCCC（農産物信用公社）の管理運営を行う部局（CSS、商品安定局）に五年間在籍していた。退任時は部局の副局長（associate administrator）

で穀物部門長兼務という高級官僚だった。

農産物信用公社とは、一九三〇年代の不況下で下落した農産物価格の維持を目的として設立された政府機関である。農産物を担保として農民に融資をする信用機能を持つが、実質的には余剰農産物を買い上げる役割を果たしていた。公社という名前は付いているが、独自の建物や職員を有するわけではなく、その管理運営は農務省の部局（PMA、CSS、ASCSなど呼称は何度か変わっている）が巨大な地方組織を傘下に置いて行っていた。

パンビーは一九一六年ミネソタ州生まれ、ミネソタ大学卒業後は地元で共和党系の農民運動組織ファームビューローのリーダーに選ばれるくらいの強烈な共和党支持者だった。したがって、六〇年一一月の大統領選挙で共和党の新候補ニクソンが民主党のケネディに予想外の敗北を喫するまで、パンビーは彼の農務省の仕事がまだ続くと考えていたと思われる。アメリカ飼料穀物協会の役員就任の経緯について自伝にこう書いている。

「アメリカ飼料穀物協会は、一九六〇年に発足した当初はテキサス州アマリロに本部を置いていましたが、同年の年末には本部をワシントンDCに移すことを決定していました。それはアイゼンハワーからケネディへの政権移行の期間中のことで、私は農務省商品安定局（CSS）の副局長として残っていた時でした。私は机を空にして、六一年一月一九日に公務を離れました。それから数週間後、私はアメリカ飼料穀物協会の執行副理事長（executive vice-president）に就任することと、本部をワシントンDCに移すことに同意しました。

新しい組織の理事会は七人のメンバーで構成されていました。彼らの出身分野は多様でしたが、米国の飼料用穀物の世界市場は想像以上に成長するという信念で一致していました」

その時の協会理事会には、トウモロコシとマイロの生産者団体や穀物種子の販売促進団体の代表のほか、穀物メジャーのカーギルとコンチネンタルからも代表が出ていた。アメリカのジャーナリスト、ダン・モーガンの著書『巨大穀物商社——アメリカ食糧戦略のかげに』（NHK食糧問題取材班監訳、喜多迅鷹・喜多元子訳、NHK出版、一九八〇年）によれば、パンビーは穀物商社に友人が多く、カーギル社などの推薦もあって副理事長職に就いたのではないかという。

農務省でCCCを運営する高級官僚として余剰農産物問題と取り組んできたパンビーは、海外市場開拓事業の仕組みや実践例についても熟知していた。小麦や大豆の分野でバウムやストレイヤーたちがすでに日本で活動を始めていることもよく知っていたが、彼は「農産物の品目によって取り組むべき活動は違ってくる。特に飼料穀物の場合は、人間が消費する前に畜産業が入るので、これまでの先行例とは全く別のことを考えなければならない。教科書はない。独自の推進力を作らねばならない」と述べている。また、日本市場の開拓にあたって大事なポイントとして、「この国の食習慣を変えること」と「家禽・家畜の生産拡大」を挙げている。そして、六一年秋、対日活動を開始する。

一九六一年、日本はアメリカの飼料用穀物の成長市場として絶好の機会を提供しました。（中略）

日本政府は公式に、卵、鶏肉、豚肉、乳製品の毎日の摂取量を増やすよう国民に奨励していました。それは、私がアメリカ飼料穀物協会を率いていた八年間、そして一二回にのぼる同国への訪問中に、連続して三代の首相と面会する特権を与えられることにつながりました。三回の面会では、日本の畜産業と家禽産業の発展についてのみ話しました。飼料用穀物の使用拡大を促進するにあたって、なんと恵まれた環境だったことでしょう。

しかしながら、自由な社会では政府がいくら動物性食品の消費量を増やすことを奨励しても、それ自体では目標を達成することはできません。国民自身が、卵、鶏肉、肉、乳製品をより多く購入したいと欲求しなければならないのです。ここに問題があります。何世紀にもわたって米と魚を主要な食料としてきた人々が食生活や購入習慣を自動的に変えるとは期待できませんでした。

何世紀にもわたってコメと魚を主要な食料としてきた国――日本。パンビーにとって、はじめは大きな不安があったことをうかがわせる記述である。

そして、六一年一〇月二日、来日したパンビーは前述の基本契約の調印式に臨む。そこで日本側の交渉団の中に少なくとも一人、顔見知りがいることを見つけたはずだ。それは農林省の所秀雄課長だった。彼はワシントン駐在時代にパンビーとも交流があった。パンビー自伝の中に所について述べている箇所がある。

「CCCは在庫の農産物を競争力のある国際価格で輸出できるように努力していました。その中で、マイロ（コーリャン）の輸出価格はトウモロコシよりも一八―二二％も安価になることがありました。このことに着眼した日本人がいました。ワシントンDCの日本大使館の農務官である所秀雄です。彼は農林省畜産局に、この飼料原料作物の輸入増加を働きかけました。そして一九六〇年代初頭までに、アメリカのマイロは日本の採卵鶏の配合飼料の原材料としてかなりのニッチな市場を見つけました。日本は、またたくまに米国産マイロの最大の海外市場となったのです」

一方、所もアメリカ産のマイロについてこう書いている。

「大使館の中にいないで現地を歩く、これはアメリカでもやりました。（中略）そこで見つけたのがコーリャン（マイロ）です。日本は家畜の餌になるものがないので、ほとんどを輸入に頼り、その大半はトウモロコシでした。ところがアメリカではコーリャンを家畜のエサにしている。それを知って、コーリャンを日本に輸入しようとしました。コーリャ

図22　料亭での懇親会　膳についた左側手前から三人目が所課長，五人目がパンビー氏，その右隣が安田長官

ンはトウモロコシより一割がたは安いんですよ。でも、日本政府は反対でした。そんな苦味のあるものをやるなって。満州で食べた記憶があるせいでしょうかね。「アメリカの豚やニワトリが食べて平気だったんだから大丈夫だ」と主張したのですが、それでも反対されたので、日本から調査団を派遣して、七万トンをサンプルとして輸入しました。これが功を奏して輸入の了解が出た。私もアメリカも大喜びでしたよ」
（前掲『生命の在処』）

パンビーと日本飼料協会との基本契約調印は順調に運んだ。手元に、調印式当日に料亭で写したと思われる写真が残っている。パンビーのすぐ隣に安田善一郎食糧庁長官（七月に昇進）、そしてすぐ近くに笑顔の所秀雄課長がいる。蓮池理事長のほか、副理事長たちの姿もあった。

この日本訪問を経て、パンビー自伝の記述のトーンがやや変わる。パンビーは、日本側の受け入れ体制が万全であることに満足したようだ。自伝にこう書いている。

日本の飼料製造業者、特定の畜産関連団体、小売業者、および穀物輸入業者はすべて、日本政府の奨励を受けて、畜産振興を目的としたプロジェクト開発のためにアメリカ飼料穀物協会と協力する準備ができていました。「日本飼料協会」は、日本の畜産業を振興するという目標に向けてアメリカ飼料穀物協会と協力して活動することを目的として発足した団体でした。日本飼料協会の創設者は、著名人でした。多くの名前を挙げる必要がありますが、次の三人がすぐに思い浮かびます。

日本飼料工業会会長の河田氏。三菱商事役員（穀物輸入協議会会長）の江森氏。全購連（のちの全農）会長の三橋氏。

このほか、国会議員では、農林省を含むいくつかの大臣を務めた河野氏がいました。彼は、日本の農業、特に畜産業を奨励する政治的権力者でした。（中略）

日本政府と業界リーダーによって提供されたこの好環境の中で、アメリカ飼料穀物協会は東京に事務所を開設し、市場開発プロジェクトを実施する準備をしました。

パンビーが名前を挙げたのは日本飼料協会の初代副理事長の三氏だった。

副理事長職の枠は三名。飼料企業と輸入商社から各一名、そして、バウムがかつて「農協に注意せよ」と名指ししたこともある農協（全購連。今日の「全農」は当時、全販連と全購連に分かれていた）からも一名、副理事長が出ていた。全購連は組合員である農家のために肥料や飼料などの農業用資材をまとめて調達するのが役目で、自身の飼料工場も持ち、当時すでに最大の飼料事業者でもあった。ここからは、実力者の三橋誠が出ていた。全購連、そして合併後の「全農」会長も務めた系統のドンだった。

飼料産業の代表は、創立総会で発起人代表として議長も務めた河田師郎（河田飼料社長）。彼が率いた業界団体の名称は保税組合から、工場会、そして工業会と変わっていくが、トップの座は終始変わらなかった。

自伝記述の通り、六一年一二月にアメリカ飼料穀物協会極東代表にビル服部武雄が任命され、東京事務所が本格的に動き出す。

一方、同月一五日に日本飼料協会も臨時総会を開き、河野一郎農林大臣が会頭に就任したことを発表している（顧問に安田食糧庁長官、森畜産局長が就任）。

一〇月の日米基本協定締結は活動開始の号砲だったのだ。

農政の大転換期、手探りの始動

パンビーたちの対日進出は、戦後日本政治の歴史的転換点に起きたことでもあった。アメリカ飼料穀物協会が発足した一九六〇（昭和三五）年七月一日、それはまさに六〇年安保と呼ばれる改定日米安保条約が発効し、日米関係が一段と強まったときだった。この直後に岸内閣は退陣。新たに登場した池田内閣は所得倍増計画を打ち出し、工業化への道を大きく歩み始める。農村から若者が都会へ流れ出し、農村疲弊の幕開けともなった。そして翌六一年には我が国農業の憲法とも言われる農業基本法が制定され、農政の軸が畜産振興に大きく傾いた時期でもある。

戦後農政を大転換させたこの時の農林大臣はあの河野一郎である。

改めて、日本飼料協会の機関誌『飼料』の創刊号を見てみると、巻頭の辞を寄せているのは会頭に就任したばかりの河野農相当人だった。こう述べている。

「ご存知のように、農業基本法が成立いたしまして、新しい農業の方向に向ってスタートがきられたわけですが、私達はこの方向を定めるに当たっては、日本農業のおかれております位置をはっきりと認識したうえで対処していかなければならないと思います。つまり、国際情勢の変化の中で日本の地位は大きくかわり、もはや日本農業は世界の農業から孤立しては存在しえなくなり、過去におけるような単なる保護主義の立場は許されなくなって来ております」

「そこで、この際農村の仕組みを根本的に建て直し、全国にわたって農業構造の改善を実行する必要があるわけです。このためには従来の耕種農業から脱皮し、今後需要の増大していく畜産・果樹園芸の部門を大きな柱としなければならないのですが、とくに畜産の振興については、家畜資源の改良増殖はもとより、畜産物や飼料の価格の安定と流通の合理化、飼料の自給基盤の強化、多頭羽飼養と経営の合理化など、積極的施策を講じていくつもりでおります」

「このような時に日本飼料協会が設立され、日本における畜産の発展のために着々と事業の基盤を固めつつあることは、喜びに堪えません。このたび、機関誌を発行することも大いに意義あることと思います」

「過去のような農業保護主義は許されない」と農林大臣が言い切っている。明治以来の米麦中心の増産政策、小農保護の政策がこうして終わりを告げるのだった。背景に財界の圧力、そして時代の空気もあった。それまでにも財界からは「高米価」批判が連発され、「国際分業論」が幅を利かせ始めていた。そして六〇年、アメリカ政府がドル防衛を宣言すると、日本政府は貿易自由化大綱を作成し、農産物輸入の自由化を次々と受け入れてゆくのである。

パンビーたちが進出したときには、日本はPL四八〇をとっくに卒業していた。もうPL四八〇の見返り資金という特別の財源はなかった。キッチンカー出陣式の華々しさと比べると、パンビーたちの出だしはつつましやかなものにならざるを得なかったのだった。

また、受け入れ側も試行錯誤の連続だった。日本飼料協会の蓮池理事長たちも、慌ただしい手探りの一年だったのだ。

『飼料』一九六二年一〇月号には、第二回通常総会の記事があった。創立から一年余が経過した八月二八日。第二回通常総会が農林中金大会議室で開かれた。第一号議案（事業報告・決算承認）の提案理由として蓮池理事長から次のような発言があった。

「設立の当初として第一年度に計画されている仕事のうち、手付かずに見送られたものがあり、誠に申し訳ございません。それはまず第一に、金のかかる仕事は金のできるまで見送らざるを得ないということが一つであります。第二には土台のできない仕事を中途半端で踏み切ってあとで収拾がつかなくなるようなことは、絶対に避けなければならないということであります。この二つの方針を堅持いたしまして第一年度を終えたわけであります」

「その仕事の中身を検討いただきますと、おおむね事業計画に盛られていてしかもアメリカとの契約で共同事業として取り上げた仕事を片っ端から実行に移して、軌道に乗せてきたのであります。幸いにして米協会側にも創立第一年度であるということをよく了解いただいて、あらゆる面においてご便宜を図っていただき、かゆいところに手が届くまで協力をいただきました。なかんずく仕事の面だけでなく協会の管理運営の費用に至るまで六五％の負担をしていただき、今日まで協会は成長してまいりました」

驚くほどに正直な蓮池の発言がナマのままで記載されている。続いて、蓮池は、翌年度事業計画・予算の提案説明の中で、アメリカの六五％に対応する日本側負担の三五％について説明を始める。

「米協会のご協力をいただく部分が三分の二程度期待せられるが、これに対応して国内の参加団体および実施団体などの負担をいただく金額が「負担収入」である。この国内協力費はまことに膨大な金額になるが、この国内の協力費の負担がなければアメリカ側のご協力もいただけないということであります」

この実直さが伝わってくる蓮池公咲とはどんな人物かというと、なかなかの大物であった。一九二八年、東北帝大法学部卒、農林省入省。初代の畜産局長を務めた後、四六年、官選の秋田県知事に就任。翌年、公選知事選に出馬・当選、一期四年を務め引退。その後は、酪農振興基金理事長などを務めてきた。この当時は、畜産振興事業団理事長の要職にあった。

そして、この総会から半年後の六二年一二月に、パンビーは再び来日している。初年度の原契約が期限切れになるため、契約更新のための来日だった。

この原契約の更新・新契約の調印については、機関誌でも大きく取り上げられている。

「**新契約調印さる。一九六二年一二月六日、駐日米国大使館で原契約更新される**　調印式はくっきりと晴れ上がった旧臘六日午前一〇時半、駐日米国大使館の農務官室において、日米両協会関係者十数名列席のもとに行われ、蓮池理事長とパームビィ《（ママ）》副理事長との間に契約原本に署名を了した」

当日のパンビーの挨拶も紹介されている。

「本日この調印式の行われる日米の環境は極めて快適なものであります。アメリカから日本へのトウモロコシの本年度輸入見込み一〇〇万トン。輸入総額の実に六割を占め、前年に比べて二八％増。同じくマイロの輸入見込み五〇万トンで、これは全量米国産の輸入であるが、前年に比し一・五倍の伸びを示すだろうと言われる。この素晴らしい環境のもと

図23　契約に調印するパンビー氏（前列左）と蓮池氏（同右）　最後列左からダドソン氏，三橋氏，河田氏

で過去一年間、畜産の振興と飼料穀物の市場開発のため提携してきた日米両協会が、新しい協定に調印するということは慶賀の情ひとしお深いものがあります。このような環境の下にあって新しい協定は日米の経済関係をさらに大きく前進させるための力強い推進力となることを確信します」

この日の調印式に、前回は出席していた所秀雄の姿はなかった。この直前に農林省を退官していたのだった。

調印式の写真を見ると、パンビーの後ろにアメリカの総元締め・農務省を代表する駐日米国大使館主席農務官ダドソンの姿も見える。彼の表情に笑みはなかった。

農務省はこの事業の成功に本気で賭けていた。早く結果を出さねばならない。当時のアメリカ側の切迫感には訳があった。本国の穀物余剰が一向に改善しないのだ。その問題が国家の重大事態にまで発展していることを解説した記事が機関誌にあった。

海外事情——アメリカ農政の頭痛（一九六二年八月号）飼料穀物の減産対策——在米日本大使館一等書記官　二子石揚武。

農産物余剰の現況　ご承知のようにアメリカでは常に納税者の負担ということが問題とされる。そして農業のことはよく知らないアメリカ人でも、農業政策とは恐ろしく金のかかる政策だといった意見を述べる。それは価格支持制度によって政府が有り余る余剰農産物を抱え込んでいることにつながっている。最新の報告では現在政府保有農産物は七二億ドルである。これを日本円に換算すると二兆六〇〇〇億円。ちょうど日本の全予算額に等しい大きさである。

毎年国内の困窮者等に無償で配給したり、ＰＬ四八〇という法律で世界の後進国に無償や現地通貨で供給していても、この余剰農産物の量はあまり減らないというわけであるから、さすがのアメリカでも問題になるのはもっともである。さて、この七二億ドルの余剰農産物のうち約五四億ドルが穀物で、そのうち二八億ドルが飼料穀物、二六億ドルが小麦となっている。

振り返ると、バウムたちのアメリカ小麦連合会が対日進出するきっかけとなった「PL四八〇」を、時のアイゼンハワー政権が作ったころ五四年の政府負担は、小麦・綿花・乳製品など余剰農産物の合計で五五億ドル（当時の約二兆円）だった。これも巨額だったが、今回はその時以上の七二億ドルにものぼり、その重荷が政権を揺さぶり、就任間もないケネディ大統領の最大の頭痛の種の一つになっていた。

また、小麦の余剰負担は、飼料穀物の二八億ドルに匹敵する二六億ドルというから、飼料穀物だけでなく、小麦の余剰圧力もすさまじかったのだ。

そのころ小麦の陣営も大奮戦

パンビーたちが日本に進出した時期、アメリカ小麦連合会はすでに五年の活動をつみ重ねていた。バウムたちは初期の様々な活動でいくつかの成果を挙げていたが、この時期に至って極めて大きな問題に直面していた。せっかく開拓した日本市場を後発のカナダに侵食されるという現象が起きていたのだ。

本書でも説明した通り、問題はパン用小麦の競争力にあった。カナダは「マニトバもの」と称されるほど有名なパン用の硬質小麦を売り物にしていた。他方、オレゴン州などロッキー山脈の西側の地域は、パンには不向きの軟質小麦の生産地帯であった。アメリカにも有力な硬質小麦はあったが、その生産地はロッキー山脈の東側の中西部諸州であったため、日本へ輸送するとなればメキシコ湾経由のルートをとらざるを得なかった。これでは太平洋岸のバンクーバーから直接輸送ができるカナダには輸送コストで太刀打ちができなかったのだ。その結果、バウムたちがパン食のPRをすればするほど、カナダを利することになってしまっていたのだった。

バウムたちは、まずアメリカ国内での小麦生産者たち同士の連携強化に動き出す。オレゴン小麦栽培者連盟は、近隣のアイダホ州とワシントン州と連携してアメリカ西部小麦連合会を結成。そして、中西部の「グレートプレーンズ小麦連盟」と連携を始める。狙いは、中西部の硬質小麦を太平洋岸から日本に運び出すことだった。そうしなければ、カナダに勝てない。そのための最大のネックは、ロッキー山脈を越えて輸送する鉄道の貨物運賃の高さだった。バウムたちは、グレートプレーンズ小麦連盟と手を組んで、ワシントンに陳情に日参した。これに応えたのが、「ダルマさん」こと農務省輸出促進局長のパルバルマッカーだった。彼が中心となって、中西部から西海岸に運ぶ鉄道運賃引き下げを成功させると、六一年、アメリカ産パン小麦の対日輸出が始まる。そのあとは、一連の食味テスト・PR作戦展開を経て、六三年、遂にカナダを追い抜くことになる。

だが、この問題はこうしたきれいごとばかりでことが進んだわけではなかったようだ。

農務省で海外農務局長を長年務めたレイモンド・アイオアネスの貴重な証言が残っていた。海外農務局は海外市場開拓の総元締めであり、司令塔である。

アイオアネスは、この一連のカナダ小麦との対抗作戦にも深く関与していた。「カナダは対日小麦輸出に高額の輸出補助金を使っていた。だから、我々も彼らに競争で負けないだけの補助金をつけた」と当時の真相を晩年のインタビューで述べている。

「競合国の輸出補助金によってアメリカの第三国の市場が失われつつある場合に我々が特別な輸出補助金プログラムを使うことは、農産物信用公社憲章法で認められています。(中略)彼らは補助金で我々に差をつけていたのです。そこで、カナダのバンクーバーからの出荷に競合できるかたちで、米国産硬質小麦をカンザス州などの中西部から西海岸に運ぶプログラムが開発されました。興味深いのは、カナダが我々のプログラムに対してルール違反だと叫ばなかったことだ。彼らは文句は言いましたが、決して怒鳴ることはありませんでした。なぜなら、我々の答えは「あなたたちも同じことをしているでしょ」というものだったからです」

アイオアネスは、一九五四年のあの余剰農産物交渉でアメリカ側の交渉責任者として東畑四郎とわたりあった男である。彼は、PL四八〇の立ち上げを手伝うために五三年にキャリア採用されたばかりだった。その後、五八年に局長代理、六二年に局長へと昇進、それから七三年に退官するまで海外農務局の大ボスとして君臨し続けた。大統領が代わるたびに交代することが多い高級官僚の中では異例のことだったという。そこで、アメリカ農産物の海外展開の歴史を知り尽くした男として、その証言を後世に残すためにアメリカのＮＰＯ団体・外交研修協会からインタビューを求められたのだった（*Interview with Raymond Andrew Ioanes.* (1994, July 12). Library of Congress. https://www.loc.gov/item/mfdipbib000551）。

この長時間のインタビューの中で、アイオアネスは驚くべき告白もしていた。カナダ小麦への対抗策として、日本政府に対して政治圧力ともとられかねない発言をしたことがあると語ったのだ。相手は訪米中の農林大臣、場所はブレアハウス（ワシントンの迎賓館）。そこで「アメリカ産小麦の輸入シェアを五〇パーセントまで引き上げる」よう農務長官と二人で直にお願いをしたという。以下がその証言である。

「農務長官と私がブレアハウスで日本の農林大臣と穀物担当官との会談を行ったことを覚えています。これは、私たちが様々な問題について日本側と毎年協議していた時期でした。私たちは、日本側にシンプルなお願いをしました。私たちは「貴国の小麦市場の五〇パーセントが欲しいのです」と言いました。すると大臣は何のためらいもなく「そうしましょう」と言ったのです。日本の政府は小麦の輸入を全て管理していました。そして買い入れた小麦の払い下げ価格の決定者であり、輸入小麦の品質や産地によってどう価格差をつけるかの決定権も持っていました。いま言えるのは、当時の私たちはそうせざるを得なかったということだけです。もちろん、今になって考えてみると私たちがやったことを恥じています」

アイオアネスは日本の農林大臣の名前やブレアハウス会談の時期を伏せて発言しているが、文脈から推定することは可能だ。

「様々な問題について日本側と毎年協議していた時期」というのは、閣僚級が定期協議するという文脈からも「日米貿易経済合同委員会」のことだと思われる。これは、池田政権の下で一九六一年に設置された日米両国の経済関係閣僚の委員会で、六一年一一月に箱根で開かれた第一回会合を皮切りに、原則として毎年一回両国で交互に開催された。第二回がワシントンで六二年一二月、第三回が東京で六四年一月の開催となっている。

したがって、カナダ小麦とのし烈な競合問題が俎上に上っている時期で、開催国がアメリカとなると、ブレアハウス会談は一九六二年一二月の第二回会合だったと考えるのが自然である。だとすれば、この時の日本の農林大臣は重政誠之だったということになる。重政は六二年七月、建設大臣に転じた河野一郎の後任として農林大臣に就任し、六三年七月に後任の赤城宗徳にバトンタッチしている。

カナダ小麦に対するこうしたアメリカ政府の対抗作戦については、ダン・モーガンも

『巨大穀物商社』のなかで取り上げていた。モーガンは「カナダによる日本市場乗っ取りに対するケネディ政権の対抗手段」と表現してこう書いている。

「米国農務省内には驚愕がひろがり、アメリカの反撃計画が練られた。連邦商品融資公団（引用者注・CCCのこと）は、手持ちの中西部産パン用小麦をいくらか動かして、民間穀物会社に、バンクーバーでの値段に見合った値で売りに出した。（中略）農務省や私的ロビイストが圧力をかけ、西海岸への穀物の鉄道運賃引下げに成功した。同時に、国務省と財務省が、日本側に、合衆国との貿易黒字を、「アメリカの小麦の買い入れ」にいくらか廻せという圧力を強めた。

一九六二年になると、この圧力が効果を上げはじめた。日本政府は、食糧庁にアメリカのパン用小麦の買入れを増やすよう通達を出し、一九六三年には、日本へのアメリカ小麦のセールスは七〇パーセントも増加した。食糧庁は、ワシントンへの譲歩として、小麦の輸入をアメリカとカナダに均等にふりわけると発表した。（中略）

一九六四年、ジョンソン政府は、カナダ側に止めの一撃を加えた。今後、アメリカの対日本小麦貿易には、十分な政府の助成金がでることが明らかにされたのである。これで、カナダ小麦は一ブッシェルたりとも、アメリカの小麦より安値で、日本へ着く心配はなくなった」

このモーガンの記述に一部符合する報道記事が、日本飼料協会の機関誌『飼料』にあった。六二年三月六日の農林大臣会見で河野一郎農相が、「小麦輸入について、今後はカナダからアメリカに重点を移す」と発言しているのだ（六二年六月号）。これは、モーガンの記述「日本政府は、食糧庁にアメリカのパン用小麦の買入れを増やすよう通達を出し」という時期に合致する。

さらに、先ほど推論したように、重政農林大臣がアメリカのフリーマン農務長官とアイオアネス局長に五〇パーセントのシェアを約束したのが一九六二年一二月だとすると、「食糧庁は、ワシントンへの譲歩として、小麦の輸入をアメリカとカナダに均等にふりわけると発表した」という『巨大穀物商社』の記述にも符合することになる。

また、これまで見過ごしてきたが、アメリカ小麦連合会の文書の中に、同じ内容の表現があることに気づいた。本書巻末i頁の対日小麦輸出のグラフをよく見ると、六〇年代に実施した作戦として「西海岸への鉄道運賃切り下げ」に続いて「対日目標をシェア五〇％以上に設定」とある。この五〇パーセントという数字には深い意味が込められていたことが分かる。

（カナダ小麦との競合問題については、曾根康夫も「アメリカ小麦と共に一五年」（『アメリカ小麦』五三号、アメリカ小麦連合会、一九七五年）で回顧している。「中西部のパン用小麦ハードウインターの対日輸出には特別鉄道運賃、輸出補助金など広範なプログラムを実施する必要があった」「もう一つの、成功の要因がある。それは、春小麦ダークノーザンスプリング（DNS）の導入である。カナダ小麦に対抗するには、どうしても導入が必要だった」

ダークノーザンスプリング小麦とは、カナダ国境に接した州（ノースダコタなど）を中心に栽培されている硬質小麦のことで、曾根は、この小麦の導入により、品質面でもカナダと十分にわたり合えるようになったとしている。）

また、アメリカ小麦にとって何よりも重大な影響を与えたのが、日本政府が農基法によって採った国内小麦の「安楽死」政策だった。「選択的拡大」の品目に選ばれなかった小麦は価格支持面でも冷遇され、作付面積の減少が始まっていたが、一九六三年の大凶作（収穫時期六〜八月の直前に長雨が続き、平年の半分の収穫量となった）をきっかけに、生産減少が一気に顕在化する。

実は、日本の小麦は一九六〇年ころまでは、捨てたものではなかった。作付面積は一四四万ヘクタール、収穫量も三八三万トンもあった。自給率も小麦三九％、大麦にいたっては一〇八％と完全に自給していたのである。しかも、日本には世界に誇れる小麦「農林一〇号」を生んだ育種技術の伝統もあった。一九三五（昭和一〇）年に岩手農業試験場の稲塚権次郎の手で誕生した農林一〇号は、背丈が短く倒れにくいという稀有な形質が注目され、世界中で引っ張りだことなった。アメリカでも現地の小麦と交配されて急速に広まり、今やアメリカで栽培される小麦の九〇％以上が「Norin 10」の血を引いているとまで言われるようになった。

ところが、六〇年以降の小麦生産は、六三年の大不作もあって急カーブで衰微していく。一五年後の一九七五年には、自給率は小麦四％、大麦一〇％にまで落ち込む。ＮＨＫの取材記『日本の条件・食糧2　一粒の種子が世界を変える』（ＮＨＫ取材班、日本放送出版協会、一九八二年）の中で「農林一〇号が世界を変えた」の章を執筆した山名光紀ディレクターはこう嘆く。

「主要穀物の生産をこんな短期間に、こんなに落とした国家は、おそらく世界にないだろうし、歴史にもそんな例は見つからないだろう。まさに日本の麦は安楽死させられてしまったのだ」

こうして日本の小麦自給率が激減すると、当然のことながら、輸入の総量が急増していく。分母が増えていく上に、カナダとのシェア争いの勝利が相まって、バウムたちが念願としたアメリカ小麦の輸出拡大が成就していくことになるのだった。

そのリチャード・バウムの名前が『飼料』に登場しているのを見つけた。

六四年五月号　編集室メモ　安田理事長がパーティー　米小麦連合会バウム副会長　同日本支部支配人ハッチンソン氏夫妻らを招いて開く

新任間もない安田理事長は四月一八日（土）午後、東京都杉並区の自宅に、来日中の米小麦連合会副会長バウム氏をはじめ、同日本支部支配人ハッチンソン氏夫妻、農林省田中流通飼料課長ら各氏、及び関係者多数を招いてパーティーを開催された。席上、安田理事長は今後の業務上の諸問題について種々要談され、なごやかな中にも活発に懇談を行われた。

安田理事長とは、アメリカ飼料穀物協会の対日進出にあたり、その包括的な受け皿団体として日本飼料協会を短期間に立ち上げた男である。農林省退官後も顧問として同協会に影響力を持ち続けていたが、この四月の総会で理事長に就任したばかりであった。そのお祝いに、バウムとハッチンソン夫妻が連れ立って駆け付けたということが編集後記にエピソードとして紹介されていたのだった。

飼料の団体機関誌に小麦のバウムが出てくるのはやや意外な気もするが、考えてみれば、安田は農林省の畜産局長の後に、米麦を一元管理する食糧庁長官を務めたこともあるから、当然、小麦のバウムとは知己の間柄だったろう。バウムがはじめて来日した一時期は、農林省との関係づくりに苦労し、むしろ厚生省を頼りにしたことは本書に述べたが、その後のハッチンソンの人脈づくりの甲斐もあり、農林省の幹部たちとはとっくに蜜月の関係になっていたことがうかがえる。なにしろ、以前バウムが「警戒が必要」と指摘した河野一郎は、再び農林大臣となると、今度は「従来の耕種農業からの脱皮」と「畜産振興」を説いたわけだから、時代状況は大きく変わっていた。そのうえ既述のとおり、ライバル国カナダへの巻き返し作戦では、農林省の積極的な支援もあり、六三年にはカナダを抜き返していた。念願達成でバウムもご機嫌であったろう。

小麦のアメリカ側トップと飼料の日本側トップの懇談。国籍と作物の種類は違っても、両者が目指す方向は同じだった。この時期は、先行する小麦陣営がハードセール作戦の効果に手ごたえを感じていた時期であり、後発の飼料陣営が初期の総花的活動からより戦略的な作戦展開にシフトし始めていた時期でもあった。時間差はあったが、パンビーたちは確実に小麦のあとを追っていた。

まず飼料産業を育てよ！

パンビーたちの初期事業が本格化するのは一九六三年のことだった。そして、三年後の六六年には一定の成果を上げている。この間に、彼らは何をし、何が起きたのか。機関誌

『飼料』で、初期事業の詳細をたどることができる。

パンビーたちは、やるべきことは分かっていた。働きかける相手が誰かを知っていた。相手は三段階。重要なのは食肉の最終需要者である一般消費者だが、その前に踏むべきステップがあった。まずは飼料穀物にとっての第一次の需要者である飼料会社。次はその配合飼料を使って家畜を飼育する畜産農業者。この時期、彼らはそれぞれに対して重要な布石を打っている。

畜産関係者に対する働きかけの常とう手段は、アメリカから専門家を呼んで技術指導の講演会を開くことだった。そのトップバッターとして、アメリカ飼料穀物協会特別顧問のローレンス・ベーカー博士がいちはやく六二年五月に来日し、東京と名古屋（養鶏の主産地）で「鶏の育種と飼料」について講演をしている。東京会場には、増井東大名誉教授・三浦農林省家畜改良課長・今村日本養鶏協会副会長らも参加し、活発な討論が交わされたと機関誌は報じている。

見過ごしてしまいそうな小さな記事だったが、実はこのベーカー博士の来日が重大な意味を持っていたことを後で知ることになる。

六三年事業の重点事項は、「飼料産業の育成強化」だったことが機関誌からうかがえる。この年初めて、日本の飼料技術者の集団をアメリカのオクラホマ大学に集め、短期集中講習を実施しているのだ。これは近代家畜栄養学にもとづく配合技術を日本中に広め、飼料供給体制を整えていくことにつながった。

この訪米研修に関する記事は何度も機関誌に登場することから、いかに力を入れたかが分かる。最初は、二月号に予告が出る。

続いて三月号で詳細な募集要項が載る。「日本の配合飼料業界の経営者と技術者を対象とした特別講座〝養鶏配合飼料短期講習会〟六月一七日〜二八日。講師はオクラホマ大学養鶏学部の三人の教授と六人の応援講師」、講座責任者はローリン・セイヤー博士（同大学教授・養鶏栄養学）。講義のほかに特別スケジュールとして現地養鶏場視察もある。講義内容の中には「日本の主要な飼料原料の最も有効適切な利用方法」「飼料の栄養成分表・飼料配合の手引き・日本で使える原料を基盤にした配合例」など実践的なものもある。

五月号では、中間報告「オクラホマ大学講習会に四〇数名の申し込み」、そして六月号で「渡米メンバー決まる」、メンバー発表だ。この研修には、日本農産工業、日本配合飼料など、当時急成長を遂げつつあった飼料会社がこぞって参加している。豊橋飼料や中部飼料など地方からの参加も多い。また、魚粉やふすま（小麦の皮）の活用で従来から飼料生産にかかわっていた大洋漁業や日清製粉など既存の大手企業の名もある。三井物産・住友商事など総合商社も同様だ。この頃、総合商社は飼料企業との資本関係の強化（系列化）を進めていた。農協系は愛媛・広島・鳥取の県経済連が参加している。

そして、七月号で「六月一二日　渡米チーム出発」。メンバーは総勢四二名。団長はあの安田善一郎（当時、日本飼料協会顧問）だった。

さらに訪米研修の後日談の記事もある。渡米したメンバーたちは帰国後に親睦会を結成して定期会合を開いていた。名付けて「セーヤー会」。セイヤー博士からとったものと想像される。帰国直後の会合では、渡米中に各自が撮った写真を持ちよってコンテストを行っていた。入選作品が六四年一月号で紹介されている。愛知県や神戸市からの参加者が現地視察で撮影した一〇〇万羽養鶏場や家畜市場の写真が載っている。さらにセーヤー会のメンバーは、渡米からちょうど一年たった六四年六月に二回目の集会を、今度は関西地区で開いている。

こうした訪米研修は、オクラホマ大学のほかにアイオワ州立大学でも行われたとパンビーは自伝に書いている。

「一九六一年の初めから、私たちは民間および農協系の飼料メーカーと密接に協力してきました。日本国内の配合飼料の市場が拡大するにつれて、そのグループから色々な要望が出てきました。このリクエストに対応するために、米国で飼料配合に関する日本人向けの短期コースを開催しました。最初の研修プログラムは、スティルウォーターのオクラホマ州立大学で開催されました。次に、エイムズにあるアイオワ州立大学で開催されました。各セッションは約二週間の長さでした。この二回のプログラムには、日本から八〇名を超えるジュニアエグゼクティブが参加しました。参加者のほとんどは、日本に戻ってそれぞれの会社で配合を担当するか、材料の組み合わせに関する決定を行う管理者となりました。若い飼料配合者の目標は、アメリカ飼料穀物協会の推進力と一致していました」

「この訪米研修の取り組みに加えて、私たちは何年にもわたって、日本で動物栄養に関するセミナーをスポンサーしてきました。これらのほとんどは、東京のUSトレードセンターで開催されました」

そのセミナーの初回が、一九六三年五月に開かれたアメリカ農務省主催の事業「家畜配合飼料展とセミナー」だった。これは赤阪溜池に開設したばかりのUSトレードセンターで農務省が初めて主催するイベントだった。開会式には、ライシャワー駐日大使、フランク・レルー海外農務局総販売部長、そして日本側からは農林省の伊東正義事務次官が出席してリボンを切った。このイベントは、一般公開用の展示と畜産飼料関係の招待者を対象とするセミナーからなっていた。今回はこのショーのために六人の配合飼料専門家が来日していた。レルーは挨拶で、「日本における飼料穀類の将来の市場性は素晴らしいものです。一九七〇年までに日本は家畜や家禽の飼育数を倍増しようとしておりますが、飼料用穀類の輸入必要量は現在の二倍の六〇〇万トンに達するでしょう。アメリカはこの増加分の多くを賄いたいと思っています」と述べた。

この頃からアメリカ農務省が前面に出る事業が増えていくことになる。

このほか、飼料産業育成強化のための経営セミナーも開かれている。六四年一月に「第一回飼料工場経営講習会」が東京で開催される。日本飼料協会とアメリカ飼料穀物協会の共催事業で、専門家としてアメリカ飼料穀物協会顧問が来日、講演した。さらに、名古屋・大阪・福岡でも同様の講演会が開かれた。

次は「青い目の種鶏」の導入作戦

アメリカ飼料穀物協会が初年度事業として招聘したベーカー博士の訪日には、実は別の重大な目的もあった。博士はアメリカを代表する養鶏育種学界の権威であると同時に、アメリカ大手の種子会社パイオニア社の幹部技術者でもあった。同社はハイブリッドコーンを先駆的に開発したことで有名だが、そのハイブリッド技術を応用して採卵鶏の新品種「ハイライン鶏」を開発したばかりでもあった。そのハイライン鶏を日本に広めるための提携先を探すのも彼の役目の一つだったのだ。

彼が白羽の矢を立てたのは、現職の農林省畜産政策課長である所秀雄だった。所は自伝『生命の在処』にこう書いている。

「日本のアメリカ大使館の農務関係事務所が置かれているビルの食堂で、昼食をとってい

図24　所の自伝『生命の在処』

たときのことです。隣のテーブルにいたアメリカ人が突然、話し掛けてきました。「ぜひ、自分の泊まっているホテルに訪ねてきてほしい」と。アメリカ飼料穀物協会の仕事で来日していたパイオニア社のL・ベーカー博士でした。（中略）

ホテルを訪ねた私にベーカー氏は「日本でハイライン鶏の普及をしてくれないか」というのです」

　これが運命の出会いだった。その後何度かパイオニア社との行き来があって、所はハイラインの総輸入元となる決断をする。六二年一一月一五日に農林省を退官すると、パイオニア社の本社があるアイオワ州に飛び、二か月間にわたり集中的な研修を受けている。そして翌六三年二月には株式会社ハイデオを創業、三月には三〇〇〇羽の試験輸入に踏み切った。これが大きな反響を呼び、雑誌『世界』などに大きく取り上げられ「青い目のニワトリ、日本上陸」と騒がれることになる。その頃のマスコミ取材に対して所はこう語っている。「ハイラインのヒナで右から左へサヤを稼ぐようなやり方はしたくない。私は養鶏農民に、養鶏に関する技術・経営、世界の情報などヒヨコに伴う広い意味のサービスを提供したい。そうしなければ私が農林省にいた甲斐がない」。

こうした動きにいち早く反応したのが、パイオニア社の最大のライバルであるデカルブ社だった。デカルブ社のラスミューセン副社長は六三年三月上旬に来日、日本の貿易商社や有力孵化場と懇談。同年五月には、株式会社東食との合弁会社「東食デカルブ」設立を発表している。また、近く浜松市に原種鶏孵化場を建設し種鶏生産を開始すると表明している。これに関する記事が日本飼料協会の機関誌『飼料』一九六四年八月号に載っていた。

デカルブ社は、日本進出に当たって本社から技術専門家を派遣し、浜松市に常駐させるほどの力の入れようだった。

そして、興味深いことに、同じ八月号に所秀雄が創業した会社ハイデオの広告とお知らせが載っていた。

広告「三冠王に輝くハイライン」――最近二か年の米国サンプルテストで、飼料要求率・生存率・産卵数で第一位。北海道から九州まで全国一八か所に特約孵化場があります。

お知らせ「ハイラインの夢をのせてアメリカへ――ハイライン・サークルの会員事業」――ハイライン鶏を飼っていただく皆さんへのサービスプランです。毎年一回挙行の予定ですが、只今申し込み受付中の計画では来年六月一三日から二九日の三週間、アメリカの主な養鶏地帯を視察し、首都ワシントン・ニューヨークなども見学するプランとなっています。詳細は特約孵化場またはハイデオにご相談ください。普通に旅行されるよりも二〇万円くらい安くなります。

—72—

ハイライン・サークル訪米記

養鶏大視察団、一路、アメリカへ！

ジェット機一台、チャーターして

高橋久

ハイライン鶏の日本代表、ハイデオ社主催による、第一回ハイライン・サークル養鶏視察団（団長所勇雄氏）総勢百二十余名は、六月十三日午前十時日本航空のジェット機を借切つて、東京羽田を出発した。一行は約二週間の予定でアイオワ州のハイライン本社をはじめ、アメリカ全土にひろがるハイライン関係の養鶏場、孵化場、種鶏場、さらにブロイラー加工処理場、鶏卵加工工場など、十数社を訪問、つぶさに視察する。

視察団は、国内ハイライン孵化場、および、養鶏場関係者を主体に官庁養鶏担当者、報道陣から構成されている。なお、本社よりは高橋久専務が一行に参加、視察の模様を詳細に誌上に報道する。

× × ×

近年、外国ビナが急激に日本に進出、その独占した勢力により、生存率、産卵率、飼料効率、耐久性などの諸性能を発揮して、日本在来鶏を相手とせず、未曽有の不況をシリ目に、

図25　第1回訪米視察ツアーの記事

ハイデオが企画したこの会員合同の訪米視察ツアーは、翌六五年から隔年で合計五回実施されている。初回ツアーの参加者は所団長以下一二五名。当時最大の日航ジェット機DC8をチャーターし話題を呼んだ。養鶏農民の会員のほか官庁養鶏担当者や業界誌記者の姿もあった。名古屋市に本社を置く「養鶏之日本社」の高橋久専務は、羽田出発の前日、愛知県下から参加する団員約二〇名に加わった。名古屋駅新幹線コンコースにおいて視察団「愛知ブロック」の結団式を挙行後、プラットホームで盛大な歓送を受け東京に向かっ

たという。

高橋は、その後「ハイライン・サークル訪米記」を五回にわたって『養鶏之日本』に連載。最終回でこう結んでいる。

「視察箇所は実に三〇に近い。この眼で視、この耳で聴いたアメリカ養鶏産業界の全容は、想像をはるかに上回り、驚嘆に値するものだった」


アメリカにおけるハイブリッドコーンの種子会社の代表格は、アイオワ州のパイオニア社とイリノイ州のデカルブ社。この二つの会社のライバル意識がいかに強いものか――私自身がじかに感じたことがある。それは私がハイブリッドコーンの取材でデカルブ本社を訪ねた時のことだった。私が儀礼的に「御社はハイブリッドコーン開発のパイオニア的存在で……」と話し始めると、相手の広報担当者が笑いながらではあるが、「私たちの前で、パイオニアとだけは言わないでください。それは、ライバル会社の社名なのです」と言ったものだ。

その一方で、両社は共通の利害のためには結束していた。率先して「アメリカ種子貿易協会」という業界団体を結成し、一九六〇年にはアメリカ飼料穀物協会の創立メンバーにもなっていたのである。彼らはトウモロコシに続いてマイロのハイブリッド化にも成功していた。そうした品種改良による飼料穀物生産の急激な増加は国家的な余剰在庫の問題となっており、このままでは、穀物種子の売り上げに悪影響を与えてしまう懸念があった。飼料穀物の海外市場開発は種子会社にとっても切実な共通課題となっていたのだった。

さらに、彼らは穀物以外にも海外市場に関心を持つ理由があった。

両社はトウモロコシやマイロにとどまらず、いちはやくハイブリッド鶏など家禽・家畜の品種改良にも成功し、特に採卵鶏の種鶏の新商品については海外への売り込みも開始していた。畜産振興を標榜し始めた日本は、種鶏のマーケットとしても魅力的だった。種鶏はいったん採用すると、その飼育に当たっては指定した条件に合う配合飼料を使う必要がある。アメリカ産の種鶏の資質を十分に引き出すためには、アメリカで研究された家畜栄養学に基づくアメリカ式のエサ配合技術もセットで導入することが欠かせなかった。そして、そのエサ配合はアメリカ産のトウモロコシ・マイロの大量使用が前提だった。種鶏の輸出には飼料穀物の輸出も必ずついていく。種鶏と飼料穀物には相乗効果があったのだ。このことこそ、アメリカ飼料穀物協会がいち早くベーカー博士を日本に送り込んだ理由であった。

そして、この相乗効果に日本の飼料会社や商社が目を付けないわけがなかった。生産性の高い外国ビナの導入は自社の配合飼料の販促に役立つのだ。

このハイライン・デカルブのライバル合戦「日本の陣」は、二社の一騎打ちではおさまらなかった。日本の商社や飼料会社が次から次へとアメリカの他の育種会社からの種鶏導入合戦に参入していく。日本飼料協会加盟の各社が入り乱れての乱戦模様となっていくのである。

「外国雛輸入では、総合商社系をはじめとする飼料メーカーが率先して導入をはかった。ハイライン系は日清製粉。ストーン系は日本農産。デカルブ系は協同飼料・ニチロ漁業・中部飼料など。キンバー系は大洋漁業・協同飼料など。総合商社は種鶏と飼料とを農家にワンセットで売り込み、事実上の契約生産農家として包摂していくことになる」（村上良一「加工型畜産と飼料メーカーの展開—一九五〇年代～七〇年代を中心に—」『經濟論叢』一四九号、一四五—一五九頁、一九九二年）。

実は採卵鶏では日本にも誇るべき品種改良の伝統があった。一年に三六五個も卵を産む鶏を作り出し「東洋の名人芸」と評された育種家もいたほどである。だが悲しいかな、その鶏を大量に作ることはできなかった。日本の育種では、「個体」の改良に重点が置かれ、突出した「天才鶏」の成績を競う風潮があった。そのため「群飼育」のための品種改良は十分にされてこなかった。

一方、アメリカでは「群飼育」が前提で育種が進められ、群全体の成績では、日本鶏を大きく圧倒していた。初生ビナの値段は高くとも、生存率が高く、個体差が少なく、卵重が優れているうえ、抗病性も高かった。「庭先養鶏」という副業ではなく、専業養鶏で群飼育を目指す農家が増えてくれば、アメリカ鶏が広まるのは自然の流れだった。こうして〝青い目〟のニワトリが日本中を席巻するのにさほど時間はかからなかった。

そして、こうした外国種鶏の導入合戦はあっという間に採卵鶏から肉用鶏「ブロイラー」にも広がった（ハイラインとデカルブはブロイラー種鶏も販売していた）。伊藤忠飼料は、一九六三年から種畜事業を展開し始め、六五年にはアメリカ企業と合弁会社を立ち上げ、種鶏「コッブ」を全国の農場に供給。三井物産はアーバーエーカー社との合弁会社を同じ六五年に立ち上げている。ブロイラーでは、こうした商社や飼料会社は飼料・種鶏の供給にとどまらず、飼育した肉鶏の集荷・加工・販売まで全工程を次第に系列化していく。総合商社のいわゆる垂直統合化（インテグレーション）である。

同じ流れが、少し時間差を置いて養豚でも起きている。すでに述べたように、海外からの大型の種豚の導入は、一九六〇年にアメリカのアイオワ州から山梨県に三五頭がやってきたのが最初だったが、六二年ころになるとランドレースなどの欧米の大型種の輸入が全国的に広がりをみせていく。ちなみに、六三年には山梨県はアイオワ州から再度の種豚導入を行っている。このときアメリカ系の大ヨークシャー種もはじめて輸入されている。これらの大型種が小型の在来種と置き換わり、飼料穀物多投型の集団飼育が本格化していく。インテグレーションはブロイラーに続いて養豚でも起きた。

「商社の農業へのバーティカル・インテグレーション（垂直的統合）の歴史は約四〇年前に発する。それは畜産分野から始った。輸入飼料の供給と畜産物の引き取りという〝往復ビンタ〟方式で、畜産農家は契約飼育のもと、トリ小作、ブタ小作の形で商社に統合されていった」（鈴木俊彦「商社の農業参入」、二〇〇九年九月四日、『農業協同組合新聞』、https://www.jacom.or.jp/archive03/closeup/foodbiz/2009/foodbiz090904-5924.html、二〇二四年一月四日アクセス）

こうして日本の畜産は急速にアメリカ式に変貌していく。

仕上げのＰＲ、決め手は電車広告

日米両協会が綿密な検討をした上で打ち出した初期のキャンペーン戦術は、日本人に畜産物がいかに美味しく栄養価が高いかを知ってもらうことであり、消費拡大を図る当面の品目としては鶏卵、鶏肉、豚肉に絞るというものだった。具体的な活動として一九六二年に東京都で始めた「肉まつり」キャンペーンは翌六三年に全国展開となり、土用の丑の日を中心に日本食肉協会との共催で、全国一二都市で開催されている。こうした一般大衆に向けたＰＲ作戦は次第に強化され、全国各地で料理教室や試食会が開かれた。そして、放送・新聞・各種出版物には食欲をそそる広告を掲載するようになっていく。

その中で、パンビーたちが、真っ先に消費者の購入意欲に手ごたえを感じた畜産食品は、鶏卵だった。パンビーは自伝にこう書いている。

「日本の畜産業の指導者たちは皆、畜産物の実質需要を拡大する必要性を強調し、消費の増加を促進することが重要だと述べました。さらに彼らは、健全な論理展開で、日本の畜産は最終製品である卵、鶏肉、豚肉、乳製品をより多く購入しようとする消費者の意欲に見合った割合でしか拡大できないと主張しました。

やがて卵が最も直接的な成長の機会を提供することが明らかになりました。理由は明らかでした。一九六〇年代初頭の日本では家庭用冷蔵庫はほとんど存在しませんでした。しかし、卵は冷蔵庫なしで数日間保存できます。調理設備も限られていましたが、卵は最小限の熱と設備で、簡単にさまざまな調理ができます。日本人は卵が好きでしたが、一人当たりの年間消費量は非常に少なく、米国の二九〇個に比べて八〇個でした。

私たちの市場調査によると、日本の主婦は卵のほとんどを家族経営の小売店から購入していました。卵はばら売りの箱に陳列され、一個ずつ売られ、紙袋に入れて持ち帰られました。途中での破損は非常に多く、平均して約一〇％もありました。私たちは直感的に、プラスチック製の卵ケースがあれば小売業者や主婦に歓迎されると判断しました。こうして、一つ目のプロジェクトが誕生しました。日本飼料協会との共同事業で、小売業者と協賛のもと日本中の主要な人口密集地に数百万個のプラスチック卵ケースを配布しました。そのキャンペーンが終わった後に再び商店街を訪れた際に、日本の女性が店に入って空の卵ケースを返却し、数分後に卵がいっぱい入ったカートンを持って出てくるのを見るのはいつも興奮させられました。プロジェクトはうまくいったのです」

（前掲FAS報告書「日本向け米国飼料穀物輸出の歴史」によれば、この卵のケースプロジェクトが実施されたのは一九六五年一月。アメリカ飼料穀物協会はこのイベントのために玩具メーカーとプラスチック製卵ケースの製造契約を結んだ。そして、日本の一六団体と協力して「卵祭りの日」を開催した。地元の団体がテレビコマーシャルや看板広告の費用を負担し、当日は小売業者が割引価格で卵を販売した。一度に六個の卵を買った主婦すべてにプラスチック製卵ケースを無料で提供した。当日東京だけで一五〇万個のケースを配布したが、それも午前一〇時までに底をついてしまったという。）

パンビーは自伝で、もう一つの販促プロジェクトの成功についても述べている。

「二番目の大きなプロジェクトは通勤電車の広告で卵を宣伝するという共同事業でした。満員の通勤電車は日本の伝説的存在です。電車の広告に表示された写真やアート作品は、ほぼ瞬時に数百万人の目にとまりました。このプログラムに対する厚生省の支援は、計り知れないほどの利益をもたらしました。予想されるように、卵をもっと食べることが有益であると私たちが言っても、国民の全員がそれを信じるわけではありません。しかしながら、国民のたんぱく質摂取を増やしたいという目標を持つ厚生省当局は、この広告に強く賛同し、積極的な推薦を明確にしたのです」

パンビーは卵キャンペーンに関する記述の中で「それから約二〇年後の八〇年代初頭には、日本人の一人当たり消費量はアメリカと同等になりました」と述懐している。事実、日本の卵の生産量は一九六〇年代初期から爆発的に増加し、六〇年の五七万トンから六五年には一〇四万トン、そして七〇年には一七三万トンへと延びていく。国内の鶏卵業界は様変わりし、業界では市販の配合飼料の使用が一層重視されることになった。このための飼料穀物の輸入、特にアメリカからのマイロの輸入が六〇年代前半に激増している。

アメリカ農務省の総力戦

日本人の「肉食化」を推進したアメリカ側の勢力は、アメリカ飼料穀物協会だけではなかった。日本人になじみのなかった肉用鶏ブロイラーの消費キャンペーンをまっさきに行ったのは、別の市場開発団体「アメリカ家禽産業協会」(Institute of American Poultry Industry）だった。彼らは、ブロイラーや七面鳥の製品輸出を目指していた。

そもそもニワトリの卵は日本人にとってよく知られた食品だったが、肉専用のブロイラーはそうではなかった。日本では、肉専用の鶏の飼育は（一部の地域を除いて）行われてこなかった。鶏肉と言えば、鶏卵を産まなくなった老雌鶏や雄鶏などいわゆる「廃鶏」を消費するのみだった。流通でも、地域的に散在する小さな鶏肉店（かしわ屋）が少量の鶏肉を販売する形をとっていた。これに対しブロイラーとは、鶏肉を生産することだけを目的として育種改良された鶏のことである。飼育期間の短い（約三か月）ことが特徴のこの肉用若鶏は丸焼き（broil）で食用にされることが多かったので、この名がつけられた。

アメリカでは一九五〇年代になると、ブロイラー産業は、生産から加工・流通までを統合したシステム的な大産業に成長していた。その業界団体であるアメリカ家禽産業協会は、一九六一年一二月に大阪の大丸百貨店など五か所において、ブロイラーの小売販売を試験的に行っている。続いて、六二年には国際見本市会場にアメリカの鶏肉料理の第一人者を招き、ブロイラーの模範的切り分け方法を実演したほか、会場では調理パンフレットを大量に配布している。そして、日本全国のホテル支配人とコック長を集めた「ホテル・レストラン・ショー」を開催し、連日、鶏肉の調理法を実演した（『飼料』六四年二月号）。

しかし、六三年九月にアメリカ農務省主催で開催された「チキン・ターキー・エッグショー」をめぐっては、日本の養鶏産業界が、国内のブロイラー産業を圧迫するのではないかという恐れを持ち、開催を歓迎する意向を示さなかった。また、「EEC（ヨーロッパ経済共同体）を閉め出されたアメリカのブロイラー業界が、そのはけ口を日本に求めてきているのではないか。これは〝チキン戦争〟の前哨戦だ」などと世間では騒がれた。同年一一月には国内ブロイラー産業の保護のために全販連や民間養鶏団体がブロイラー輸入の関税率引き上げを主張、陳情も続いた結果、関税定率法の一部改正案が国会通過し、六四年四月よりブロイラーの関税は一〇％から二〇％に引き上げられている。

結局のところ、アメリカ家禽業界の製品輸出拡大の目論見は成功しなかった。日本の養鶏業界は米国のブロイラー技術を自らの生産活動に取り入れることにより、急速に発展していった。しかし、彼らの鶏肉販売促進活動は、日本人の家禽製品に対する味覚を育てる一助を担った。パンビーも自伝で彼らの功績を認めている。

このほか、大豆の陣営も、「大豆かす」のエサ活用で「肉食化作戦」の共闘に参加していた。一九六四年八月から九月にかけて東京赤坂・溜池東急ビルで、アメリカ農務省主催の「米国大豆ショー」を盛大に実施し、飼料原料としての大豆の価値を強烈にアピールしていた。『飼料』に記事が載っていた。

この大豆ショーでは協賛団体の「アメリカ大豆協会」と「日米大豆調査会」がそれぞれの小間（ブース）で各種の新しい大豆製品や食品を出品展示する一方で、米国から招かれた大豆専門家五名によるセミナーが開かれた。講義のテーマには「ブロイラーと卵の生産を能率的にするための適正な飼料製造方法による大豆ミールの使い方」などというものもあった。その当時、油のしぼり粕である「大豆ミール」が家畜飼料の材料として極めて重要な役割を持つことは、まだ十分には理解されていなかった。大豆のたんぱく質と穀物のエネルギー源とが補完しあって初めて理想的な配合飼料はでき上がるとされる。大豆は畜産振興に欠かせない作物でもあった。日本飼料協会の機関誌がこの大豆のイベントを記事に載せる必然性がここにあった。

米国大使館主席農務官ダドソンも記者発表会見で、「このイベントは人間及び家畜の栄養摂取源としての大豆の消費を拡大促進しようとするものである」と述べている。この時期、飼料穀物や小麦・大豆などそれぞれの品目の市場開発団体が競争するかのように自分の作物を推進する一方で、それを全体的に見て、相乗効果をもたらそうとしていたのが、全体の活動資金を管理するアメリカ農務省であった。全体最適を求める農務省が直接「大豆ショー」の主催者となっている理由もここにある。ダドソンは、パンビーが来日し署名した二回目（一九六二年）の飼料協会との契約調印式でパンビーの背後にいた人物である。この時期彼は、バウムたちの小麦陣営のためにも、精力的に動き回っていた。本書一七三頁の写真は、曾根康夫が「どうしても導入が必要だった」と言及したダークノーザンスプリング小麦が一九六四年に初めて試験輸入された際に横浜港で撮影されたものだ。アメリカの小麦陣営にとって極めて重要なこの場面に、ハッチンソン駐日代表と二階食糧庁輸入課長と並んでダドソンも立ち会っている。

一九六四年秋、時の東京は、一〇月一〇日に幕を開ける世紀の祭典「東京オリンピック」の直前の熱気に包まれていた。東海道新幹線も一〇月一日に開通し、夢の超特急も走り始める。時代は高度成長の真っ盛りで、カラーテレビなど3Cブームに沸いていた(ちまたでは、「たんぱく質が足りないよ」のCMソングも流れていた)。この喧噪の中で、アメリカ農務省の総力戦が潜行していたことを気にする人は少なかった。ちなみにこの前年は日本の麦作は記録的な不作で、以降、小麦の国内生産は急速に衰退していく。そしてまた、大豆ショーはこの年三回目の農務省主催行事であり、一一月には「米国皮革展」、三月には「米国フルーツショー」が開かれていた。

そして、日本中を沸かせた東京オリンピックが一〇月二四日に閉幕し、その余韻も冷めやらぬ一一月三日、あるゴルフ大会が開かれている。『飼料』一二月号にこうある。

アメリカ飼料穀物協会杯・争奪ゴルフ大会開かる　飼料メーカー側が優勝

恒例化したアメリカ飼料穀物協会杯争奪ゴルフ大会は、今回は一一月三日文化の日に静岡県伊東市一碧コースで盛大に開催された。このゴルフ大会は例年のように飼料メーカー側と輸入商社側との源平に分かれて激しく〝合戦〟の結果、飼料メーカー側が昨年に引き続き辛くも一点差で連勝した。なお試合終了後、アメリカ飼料穀物協会並びに日本飼料協会からトロフィーや参加賞などが贈られ、絶好のゴルフ日和と共に楽しい一日であった。

パンビーたちを受け入れた日本側の体制は飼料メーカーと穀物輸入商社が強力な二大勢力であったことが、ここからもうかがえる。

また、この時期は海外からの種鶏導入が採卵鶏から始まり、ブロイラーにも波及し始めている頃だった。一見平和なゴルフ源平合戦の舞台裏では、種鶏導入をめぐって、飼料メーカーや輸入商社が入り乱れて、し烈な競争を始めていた。事実、翌六五年にはアメリカ種鶏企業との合弁会社が続々と立ち上がることになる。そしてパンビーたちが勝利を確信する日が近づいていた。

パンビー晴れの日、超満員のセミナー

それは、一九六六年三月のことだった。USトレードセンターで開催されたアメリカ農

—24—

アメリカ飼料とセミナー開催される

連日定員を越える盛況

本誌記者

米国農務省主催による「アメリカ飼料展とセミナー」は、わが国の畜産関係者の大きな期待のうちに、三月七日より十八日まで、東京のUS・トレードセンターで開催された。
期間中に会場に集まった関係者は数千名を数え、セミナーも聴講者が会場に入り切れず、二台の閉回路テレビを利用する等、予想以上の盛況を極めた。
以下、本誌記者の見た会場の模様を紹介しよう。（グラビア口絵参照）

盛況を極めたセミナー

—25—

図 26　セミナーの記事　左下の写真はライシャワー大使

務省主催「アメリカ飼料展とセミナー」に国内の畜産関係者が押し寄せてセミナー会場に入りきれず、別室に閉回路テレビを設置するほどの大盛況となったのだ。セミナーの重点も採卵鶏からブロイラーに移り、新たに養豚関連の講義も加わっていた。この年はアメリカ飼料穀物協会にとって日本進出の五周年を記念する年でもあり、来日した執行副理事長のパンビーは五年間の活動成果を目の当たりにする。「布石」は効き始めていたのだ。開会式にはライシャワー駐日大使も列席。アメリカ農務省からは、あのFAS局長アイオアネスも来日しパンビーたちに賛辞を贈っている。

パンビーは自伝にも「最も重要なイベ

ント」と特筆してこう書いている。

「USトレードセンターで開催されたおそらく最も重要なイベントは、一九六六年三月に開催された畜産セミナーでしょう。それは一二日間続きました。その間、米国からの七人の専門家が講義を行い、質問に答えました。日本からも同様の数のリーダーが同様の貢献をしました。主題には、飼料の配合、動物の栄養、飼料の販売技術、インテグレーターの役割、家禽の繁殖と最終製品のプロモーションが含まれていました。このセミナーは、アメリカ飼料穀物協会の対日活動が五周年を迎えたこともあって注目を浴びました。この五年間に、米国のトウモロコシとマイロの日本への販売は四倍以上になりました」

このイベントについて『養鶏之日本』六六年五月号は詳細な特集記事を掲載している。目を引いたのは、セミナー講師陣一七名の豪華な顔ぶれだった。米国から来日した専門家はジョージア大学家禽栄養学教授H・L・フラー博士など七名。それに日本在住の米国人専門家四人が加わり、日本からも駒井亨や森本宏など六名の著名な畜産界の学術権威者が演壇に立った。講義のテーマはブロイラー・採卵鶏・養豚・飼料工業の四つ。今回はブロイラー関係講義の日が四日間もあり、全体スケジュールの約半分を占めたのが特徴だった。次いで養豚関係と採卵鶏関係がそれぞれ二日ずつ、飼料工業関係が一日行われた。

それまでの「飼料展とセミナー」では参加者は畜産関係の指導者層に限られていたが、今回は各地から養鶏や養豚の一般生産者自身が数多く来場し、熱心に聴講したのが、大きな違いだった。

来日していたパンビーは会場で取材を受け、「これほど多くの日本の養鶏、養豚関係者がこの展示会とセミナーに参加してくださったことに驚いた。この二週間の行事は極めて時機を得たものであると思う。これを機に日本の養鶏、養豚業がさらに発展することを願っています」と語っている。

アメリカ飼料穀物協会はこのイベントに協賛し、展示コーナーに出展した同協会会員社一六社（穀物商社・種鶏・飼料・薬品など）のオーガナイズなどを担当している。

開幕セレモニーでは、ライシャワー大使とアイオアネスFAS局長の二人がハサミを入れた。ライシャワー大使は開会あいさつで日米の貿易収支の動向に変化があらわれたことについても触れている。

「日本はアメリカにとって農産物の最大の輸出市場であり、このため日本は入超となっていたが、一九六五年、日本の対米貿易収支は四百億円の黒字を記録した。日本の（工業製品の）最大の輸出市場はアメリカである」

アイオアネスは基調講演でこう述べた。

「一九六〇年のアメリカ飼料穀物の対日輸出は約一四〇万トン、大豆が一一〇万トンだった。五年後の一九六五年には、トウモロコシやマイロなどの飼料穀物が六〇〇万トン。大豆が一八〇万トンとそれぞれ伸びている。仮に増加スピードが同様と考えても、一九七〇年には飼料穀物一〇〇〇万トン、大豆二三〇万トンとなろう。日本経済の繁栄と拡大は、日米間の通商増大を意味し、両国間の相互依存度を高めると同時に友情を深めていくことと思われる」

パンビー自伝は、このイベントが開かれた直後に日本では空前のブロイラー生産ブームが起きたことに言及した後、日本に関する記述を終えている。その後、内容はヨーロッパでの活動、特に東欧圏への売り込みに関心が移っていくのが分かる。日本での市場開発は峠を越えたと見たのだろう。すでに彼が統括する海外事務所の数も大幅に増えていた（一九六九年までの在任した八年間に彼が訪問した国は二〇か国以上、訪ねた農場の数は一五〇以上となったという）。ちなみにパンビーは、一九六九年に共和党のニクソン政権が誕生するやいなや農務省の次官補に栄転している。アメリカ飼料穀物協会の在任中に、日本では三人の総理大臣と面会し、河野一郎とウマが合ったという大物が、飼料穀物のみの市場開発からは卒業したのである。その後ワシントン政界で活躍した後、穀物商社のコンチネンタルに転職（天下り）するのだが、運の悪いことにそのタイミングで、ソ連が秘密裡に穀物メジャーから大量の穀物を買い付けるという大事件が発覚する。パンビーは天下り先のコンチネンタルに便宜をはかったのではないかとの嫌疑をかけられ、議会喚問まで受けている。この事件報道でパンビーの名が広まったため、彼が対日市場開拓の先駆者であったことを知る人は少ない。

パンビーは、日本での活動を総括してこう述べる。

「日本における初期の飼料用穀物の市場開発事業は、東洋の他のダイナミックな国にも、炎のような影響を与えました。韓国と台湾の農業事業者と投資家は、日本で養鶏業と畜産業が拡大していることをよく知っていました。彼らは、高エネルギー穀物（トウモロコシとマイロ）と高品質のタンパク質（大豆粕）が飼料配合に含まれていることの重要性を認識しました。最小限の後押しで、彼らは米国からのこれらの優れた成分の輸入と使用において年間成長記録を打ち立てました」

パンビーが晴れの日を迎えた六六年は、バウムたちが日本進出一〇周年を祝った年でもあった。その記念パーティーでバウムたちはカナダとの競争の勝利を確信して万歳三唱をしている（本書口絵の写真を参照）。

こうして日本市場での小麦と飼料穀物の市場開発にそれなりの目鼻がつくと、アメリカ農務省の関心は、それ以外の品目にも広がっていく。USトレードセンターを中心とした関係者向けのイベントよりも、より広範な一般消費者を対象とした大掛かりな見本市的なキャンペーンが増え、会場もデパートや見本市会場が選ばれていく。六七年五月、アメリカ農務省は一般消費者向けの食品見本市「アメリカンフード・フェスティバル」を東京新宿の伊勢丹デパートで開いた。六月には名古屋駅前の名鉄デパートでも実施している。
それから間もない八月、ある外電がフリーマン農務長官の興味ある発言を伝えている。六七年八月五日『朝日新聞』夕刊がこう書いている。

米国　来春、東京で農業博　売り込みへ一層の拍車

フリーマン米農務長官は四日、米政府主催の農業見本市を来年四月東京で開くことになった、と発表した。日本は近年、米国産の小麦、トウモロコシなど、農産物輸出の最大の買い手にのし上がり、その今年中の対日輸出額は一〇億ドルを上回る見通しである。そこで米政府は一昨年以来の対日貿易収支の逆調を是正するためにも、農産物の対日輸出努力に一層拍車をかけようというねらいで、フリーマン長官によると〝東京農業博〟は農務省主催の催しとしてかってない大規模なものになるという。今年の米農産物輸出は総額五一億ドルにのぼる見込みだが、そのうち五分の一を日本一国が買い付けるもので、米農産物の輸入額が一年間に一国で一〇億ドルを突破するのは日本が最初である。米国は今後、農産物輸出を徐々に伸ばし、一九七三年には七〇億ドルまで持っていく目標だが、その場合も経済成長の著しい日本市場の将来を非常に有望視しており、今後は政府の音頭取りで売り込みを図ることになったものである。

そして、実際に開かれた見本市「アメリカンフェスティバル」についての報道はこうだ（六八年四月五日『朝日新聞』）。

ずらり並ぶ〝商魂〟二千種の食品即売　きょうから米国農産物見本市

〝アメリカ農産物の日本市場なぐり込み〟と話題を呼んだ農産物とその加工品の見本市〝米国農産物見本市〟（米農務省主催）が五日から東京・晴海ふ頭の国際見本市会場一号館で幕を開ける。穀物から果物、菓子、乳製品、食肉、皮製品まで農産物と名のつくものはほとんどそろっている。これらを材料にした料理の実演と試食もするが、会場内では約二千種類の食料品を即売する。輸入が自由化されていないものも含まれており、珍しさも手伝ってかなりの人気を呼びそうだ。

同じ紙面に、来日したフリーマン長官の関連記事が載っている。「農産物輸入制限　日本に緩和を申し入れ　米農務長官語る」とあった。

この頃からアメリカの貿易自由化攻勢が本格化する。六九年七月に東京で開かれた第七回日米貿易経済合同委員会で、グレープフルーツの輸入自由化を七一年に実施することが決定されたのだ。当時のＮＨＫニュースは「押し寄せる貿易自由化の波」と題してこう伝えている。「アメリカ側は貿易自由化を強く要求。政府は沖縄返還交渉との関係もあって苦しい立場に立たされた。アメリカの経済攻勢は、合成繊維などの輸出の自主規制の要求にまで及び、政府は自由化の時期を早めざるをえなかった。この結果、一九七一年中にグレープフルーツの輸入が自由化されることが決まり、国内のみかん農家からは不安や批判の声が聞かれた」

そして迎えた七一年、輸入が自由化されたのはグレープフルーツだけでなかった。豚肉も自由化されたのだ。さらに、同年八月、ニクソン政権がドル防衛のために金ドル交換停止を電撃的に発表すると、その直後の九月に開催された第八回日米貿易経済合同委員会では、アメリカから次の矢も飛んできた。牛肉とオレンジの自由化についても初めて問題提起をしてきたのだった。あの基本法農政で国内生産の選択的拡大の対象として推奨された、いわば「聖域」の柑橘と畜産物にまで自由化の波は及んできたのだ。

基本法農政の破綻は明らかになり、七五年二月には、小倉武一元農林事務次官をして「農業基本法は高度成長時代の遺物」と言わしめることになっていくのである。

高度成長期、日本の工業製品の対米輸出の増加は目覚ましいものだった。繊維製品に始まり、鉄鋼、カラーTVそして自動車と、日米摩擦が表面化する工業製品は変わっていったが、それらが深刻な通商交渉問題となるたびに、その対応策としていつも俎上に上り犠牲が強いられるのは、日本の農業生産者だった。農産物の輸入自由化品目の追加と輸入枠の拡大が繰り返されていくことになる。

日本人の食の変化の顕在化

米と小麦の戦後史を語るにあたって、重要な節目が二回あったと私は本書で述べたが、やはり二回目の節目、一九六〇〜六一年が最大のターニングポイントだったと思われる。岸の安保改定、池田の所得倍増・貿易自由化、河野の農業基本法といった戦後の歴史の大転換期、「日本人の食」はこのエポックを契機に大きく動き出し、その後の短期間で加速度的に変貌を遂げていったのではないか。

事実、六〇年代初頭にまず日本人の主食の変化が顕在化する。コメの一人当り消費量が六三年の一一七・三キロから六六年には一〇五・八キロと急激な減少を示す。一方、小麦はその三年間で二六・九キロから三一・三キロと急伸している。コメから小麦へのシフトが起きた

	1963年（昭和38年）	1966年（昭和41年）	1971年（昭和46年）
米	117.3kg	105.8kg	93.2kg
小麦	26.9	31.3	31.0
肉類	7.6	9.8	14.6
鶏卵	9.1	10.5	14.9
牛乳・乳製品	32.8	41.7	50.8
魚介類	29.9	29.2	33.3
油脂類	6.1	7.6	9.9

1人当り食品消費量の変化

注）農林省「食糧需給表」による。
持田恵三『日本の米』を基に作成。

のだ。続いて六〇年代後半になると今度は副食に変化があらわれる。中でも肉類の消費量の増加は目ざましく、六三年の七・六キロから六六年に九・八キロ、そして七一年には一四・六キロまで急増している（七一年の小麦はほぼ横ばいの三一・〇キロ。コメは九三・二キロと更に減少を続けている）。

こうした日本人の食の劇的変化について、元和光大学教授の持田恵三は『日本の米――風土・歴史・生活』（筑摩書房、一九九〇年）の中で「パンに負けた米」という小見出しのもとにこう書いている。

「ともかく三八―四一〔引用者注・一九六三―六六〕年という三年間は、特異な時期であり、日本人の食料消費の転換点であった。米の敗北は決定的となり、ますます輸入依存に傾いた小麦が、日本人の食生活のなかに、むしろ畜産物（とくに牛乳・乳製品）と結びついて、安定した位置を占めるのである」

「四一―四六〔一九六六―七一〕年を含めて、以後の米消費の減少には、小麦による代替はみられない。もっぱら畜産物・油脂の増加が原因である。ただいえることは、畜産物消費増の影響を、日本では欧米と違って、もっぱら米が被ったということである。小麦製品は全く影響を受けなかったのである」

六〇年代は年率一〇％という高度経済成長期で、消費者の食の環境の変貌も大きかった。冷蔵庫など家電製品の急速な普及、「流通革命」（六三年）によるスーパーの急成長とコールドチェーン化（六六年）、猛烈サラリーマンたちの健康志向（健康飲料ブームとテレビCM「タンパク質が足りないよ」六四年）など、食肉の消費増を促す環境もできあがっていった。「青い目のニワトリ」の導入に始まるアメリカ式畜産による効率的量産が浸透するにつれ、国内の畜産製品もだんだんと庶民の手の届く値段になっていく。そして、国民の所得・購買力の向上につれ、肉への嗜好も安価な鶏肉からより高価な豚肉・牛肉へと広がっていく。それは肉の生産に必要な穀物の量が増えていくことも意味していた。

肉一キロを得るために必要な穀物の量は、トウモロコシ換算で鶏肉だと四キロ、豚肉だと七キロ、牛肉だと一一キロだとも言われる。アメリカ飼料穀物協会は最初は卵と鶏肉・豚肉から始めたが、時代に合わせて一九六八年には肉牛飼育に関する事業も始めている。

パンビーたちが育成に力を入れた飼料産業も急成長を遂げる。日本の配合飼料生産量は、六〇年の二四三万トン→六五年七六七万トン→七〇年一四八二万トンと飛躍的に伸びていく。使途別にみると、六〇年はほぼ九五％が養鶏用だったが、その比率は六五年六九％→七〇年五七％と減っていき、その分、養豚用・乳牛用・肉牛用のウェイトが増えていく（野口敬夫「アメリカからの飼料穀物輸入と日本の配合飼料供給における系統農協の現状と課題」『農村研究』一一三号、三九─五二頁、二〇一一年）。

飼料工場の立地も、鹿児島市谷山港などアメリカからの原料輸入に有利な巨大臨海コンビナートが主力を占めるようになっていく。総合商社は飼料工場から肥育農場、販売加工まで全面的な系列化を展開。さらに総合商社や全農は、穀物の輸出元アメリカの流通施設カントリーエレベーターへの出資・所有にまで手を広げていく。それはアメリカからの穀物輸入を前提にしたサプライチェーン形成への参画だった。

こうしてアメリカ一国に依存する飼料穀物の輸入構造ができていく。

パンビーたちはアメリカの飼料穀物の輸出拡大を最終目的として日本の肉食化を推進してきた。そのために初期に打った様々な戦略的布石の効果がこの時期に加速度的に表れていく。日本政府が国策として「耕種農業（飼料作物生産）の放棄と畜産振興」「貿易自由化」の道を選択したなかで国民の肉食化が進めば、飼料穀物の輸入が急拡大するのは自明の理だった。そしてそれは、同時にオリジナルカロリーベースの食料自給率を急激に低下させることも意味していた。その後、世界の穀物価格が高騰するたびに日本人の「食料の安全保障」の重要性が叫ばれるようになって久しい。しかし、日本の食料自給率の向上はいっこうに実現していない。

豚の空輸作戦から六五年

アメリカ飼料穀物協会が誕生するきっかけとなった「ホッグリフト（豚の空輸）」には

後日談が色々とある。山梨県とアイオワ州の姉妹提携関係はその後も続いている。

山梨県は、一九九三年にアイオワ州が大洪水の被害を被った時には三〇万ドルの義援金を贈ってお返しをしている。そして、姉妹提携五〇周年にあたる二〇一〇年四月には、オバマ政権のビルサック農務長官夫妻（アイオワ州出身）をはじめ一〇〇人規模のアイオワ州訪日団が大挙して来日し、新宿駅から特別列車を仕立てて、山梨県にやってきている（石井勇人『農業超大国アメリカの戦略――TPPで問われる「食料安保」』新潮社、二〇一三年）。一行は甲府市に一泊し、記念植樹をしたり、地元の子供たちと学校給食を共にしたりして、その絆を深めた。この時ビルサック夫人が訪問先の小学校で子供たちと一緒に食べたのが「フジザクラ」という山梨県自慢のブランド豚を使った学校給食だった（青沼陽一郎『侵略する豚』小学館、二〇一七年）。このフジザクラは、アイオワから空輸されてやってきた種豚をもとにして県内で品種改良を重ねた結果生まれたブランド豚だった。アイオワの三五頭の種豚は、関係者の試算によれば、最後の一頭が九年後に死ぬまでに合計で五〇万頭の子孫を残したとされており、フジザクラに限らず、日本で飼育されている豚の多くがアイオワ豚の遺伝子を持つといわれている。

こんな後日談もある。アメリカ小麦連合会駐日次席代表の曾根康夫に関するものだ。曾根をこの連合会に結び付けたきっかけがこのホッグリフトだったことが分かった。六〇年春、在日アメリカ大使館の農務官がホッグリフト・プロジェクトの進捗状況を調べるために山梨県を訪れた際に、知事通訳の曾根とはじめて出会って知り合いとなり、バウムとハッチンソンに紹介したため、曾根がスカウトされることになったという。

ホッグリフト実現の立役者の一人でもあった所秀雄についても触れておく。山梨県とアイオワ州の姉妹提携が一九六〇年に結ばれる前の五八年に、すでに甲府市と州都デモインの姉妹都市提携が成立していた。これもトーマス曹長の発案で、所が友人として相談に乗って実現の運びとなった。トーマスは戦後のGHQ勤務時代から山梨県の農村生活に強い共感を持っていたというから、五九年の激烈な台風の後に「豚の空輸」が善意の動機で発想されたことは疑いないだろう。

では、トーマスの呼びかけに応じて多数の豚を調達した全米トウモロコシ生産者協会のゲッピンガー会長の真意はどうだったか。地元新聞デモイン・レジスター紙の特集記事「豚の空輸から五〇年」（二〇一〇年一〇月一〇日）によれば、当時農務省はゲッピンガーの説得を受けてCCCの備蓄トウモロコシを無償提供することに同意したが、それは将来的に大量の穀物を販売する可能性があると彼らが確信した後であったと、ゲッピンガーが回顧録に書いていたという。特集記事は、日本で行われる五〇周年記念行事にも参加した州農務長官ビル・ノーシーのインタビューも載せている。「ゲッピンガーは、「ホッグリフト」の直後にアメリカ飼料穀物協会を設立したが、日本へのトウモロコシ販売がこれほど伸びるとは想像できなかったろう。なぜなら、当時の日本は今日のような経済大国には遠く及ばず、日本人は魚を少しは食べたが、肉はほとんど食べなかったからだ」

ゲッピンガーは、オレゴン小麦栽培者連盟の最長老ウェザーフォードのように、遠大な構想を持つことができるパイオニア農民だったのではないかと思う。

CCC在庫のトウモロコシの寄贈を最終的に決断したアイオアネスは、パンビーが日本で果した役割も大きいが、ゲッピンガーがやったことのほうが広報戦略的なイベントとしては成功したといえるかもしれないと前掲インタビューで評している。所秀雄も、ホッグリフトは友人トーマスの善意で始まったが、背景にはアイゼンハワー政権の政策もありましたと振り返っている。ちなみに所は、地域活動などにも取り組み、著作も多く、その中で日本の食料自給率の低さを憂えている。一九九〇年刊の著書『地球村の食糧改革』（農山漁村文化協会）で、アメリカの農産物輸出促進団体と日本の輸出産業との間に奇妙な連帯関係があるのではないかとも書いている。興味深いのでその記述の要点を紹介しておく。

「一九八二年のアメリカ大豆協会本部の年次会議で、大豆とは直接かかわりのなさそうなアメリカ自動車産業のことが話題のトップとなった。この産業の保護主義が槍玉にあがったのだ」「アメリカの自動車メーカーが日本からの自動車輸入を制限しようとするのは、日本に大豆を輸出しているアメリカの生産農業者の利益に対する重大な脅威だと非難したのである」

そして、このことに関する記事を書いたセントポール・パイオニア・プレス紙（一九八二年四月二三日号）は、さらに「この年次会議の資金的な援助者の中に日本の大手自動車メーカーA社があり、日本の総合商社B社とC社のアメリカ法人があった」と報道したという（報道では社名は実名）。

所は、「日本の輸出企業がアメリカの輸出推進グループに資金を出す目的は、アメリカの自動車メーカーが日本製品の輸入制限を要求するのに反対の声を挙げさせることだ」というアメリカの論文を紹介している。そのうえで、「これはアメリカ農産物の対日輸出と日本の自動車の対米輸出が結ばれていることを示唆する話として理解していいでしょう」と結んでいる。

アメリカの市場開発団体の活動は今も続いている。新手の団体もまたいくつか登場している。近年、キャンペーンの露出が目立つのはアメリカン・ビーフの電車広告だ。食欲をそそる分厚いハンバーガーの原色の写真を背景に「アメリカン・ビーフは、パティがうまい。」「二〇二三年、注目のアメリカンビーフバーガーはこれだ！」などのキャッチコピーが躍る。

これは米国食肉輸出連合会（USMEF）という市場開発団体（オペレーター）が実施しているものだ。この団体は日本市場への米国産牛肉の輸出促進を目的に設立された。設立のきっかけは、一九七五年に行われた全米肉牛生産者協会（NCA）の豪州視察ツアーだった。農務省FAS職員の勧めもあって、視察団は豪州ツアーのついでに日本に立ち寄ることにした。そこで日本での需要拡大の可能性を確信したため七六年に輸出促進のため連合会を設立し、翌七七年に初の海外事務所を東京に置いている。コロラド州デンバーに本部を持ち、現在世界一七か所に拠点を広げている。

クラレンス・パンビーたちが日本人の肉食化を推進するためのキャンペーン手段として初めて大きな手ごたえを感じたという、鶏卵消費拡大のための電車広告。それから六〇年が経過して、また同じような光景が繰り返されている。

文庫版あとがき

本書の旧版『日本侵攻　アメリカ小麦戦略』は、今から四六年前の一九七九年に出版された。コメ余り・コメ離れが社会問題となっている時代だった。手元の古い切り抜きを見ると、自画自賛めくが、出版直後に予期せぬ大きな反響があったことが分かる。「食糧政策の戦後史の一つとしてまとめた貴重な記録である。こういうテーマを、このように体系的にかつ実践的にまとめたのは恐らく初めてのことであろう」（日経新聞）とか「こんなことがあったのか、思わずうならずにはいられない戦後秘史である。よくぞ昔のことをアメリカにとんでこれほど調べたと感心せずにはいられない」（週刊朝日）などと新聞や週刊誌等で過分な書評もいただいた。そして、その後の問い合わせも多く、学術書も含めて多くの書籍で本書の引用が続いたことは光栄なことだった。

一方、一九七八年放送のＮＨＫ特集「食卓のかげの星条旗」の方も、アーカイブ番組として一九九九年、二〇〇二年、二三年に再放送。さらに二四年一一月には総合テレビ「時をかけるテレビ」（司会・池上彰）でも取り上げられた。

こうして「アメリカ小麦戦略」に対する世の関心は継続しているように見えたが、本書は絶版になって久しく、中古でも入手困難な状況が続いていた。そんな中で、筑摩書房の藤岡泰介さんから文庫化の話をいただいたのは極めてうれしいことだった。藤岡さんの勧めもあって補論「それは小麦だけではなかった」を追加することになったが、アメリカ飼料穀物協会の対日活動については参考文献がほとんどなく、執筆作業に悪戦苦闘する日々が続いた。手元に残っていたわずかな古い資料と新規の資料発掘（パンビー自伝、所秀雄自伝、アイオアネス証言など）によりどうにか脱稿する段階にきたが、それまでにほぼ二年かかってしまった。私の遅筆ゆえにご迷惑をかけたのではないかと思う。

本編「米と小麦の戦後史」は文字どおり戦後の「主食」の変化、そして補論は「副食」の変化（肉食化）がテーマとなっている。何かと不備な点もあろうかと思うが、少しでも付加価値が付いたと感じてもらえるなら幸いである。

ウクライナ戦争による穀物逼迫や最近の「令和の米騒動」で、食料の安全保障が常に話題に上る。日本が食料安保に危険信号をともし始めた戦後の転換期の一つの記録としてこの書を読んでいただき、日本の食と農業を見つめなおす機会になってくれるとありがたい。

文庫化にあたって多くの人々の助力を得た。家の光協会で旧版の編集者でもあった織田秀樹さんからは何度も貴重な助言をいただいた。また、NHK農林水産番組部で同じ釜の飯を食った元同僚たちからも暖かい励ましを受けた。この場を借りて御礼を申し上げたい。

そして、忙しい中で素晴らしい解説を書いてくださった鈴木宣弘教授、最終段階の編集を担当してくれた行本篤生さん、本当にありがとうございました。

二〇二五年三月

高嶋光雪

解説　胃袋からの属国化

鈴木宣弘

アメリカの小麦戦略が「令和のコメ騒動」の淵源

折しも、日本列島は、コメ不足による米価高騰という「令和のコメ騒動」に見舞われている。なぜ、このような事態に陥ったのか。そのルーツを探ると本書につながる。本書の克明で生々しい実態の記述によって、コメ騒動の根本原因を読み解くことができる。

政府は「コメは足りているが流通業界が隠している」と責任転嫁しているが、根本原因は違う。

コメ過剰が叫ばれる中、長年の減反政策、生産調整政策でコメ生産を減らし続け、また低米価が続いて、コメ農家の所得は時給換算で一〇円にしかならないような深刻な状況に追い込まれてきた。国の政策と「もう稲作は続けられない」という農家の疲弊とで、コメ生産は激減しているのだ。

本書を読めば、日本の稲作農家を取り巻くこの苦境の発端がわかる。「コメの代わりに小麦を日本人の胃袋に詰め込む」というアメリカの小麦戦略が、日本人のコメ消費を減少させ、コメ減反政策を不可避としてきた大元なのである。

食生活が「自然に」洋風化したのではない

アメリカの環境活動家レスター・ブラウンの著書『だれが中国を養うのか?——迫りくる食糧危機の時代』(ダイヤモンド社、一九九五年)の背景には、中国の食生活が際限なく洋風化していくという前提がある。ブラウンにかぎらず欧米人は、自らの食生活が「進んで」おり、日本や他のアジア諸国は何十年か遅れてその後を追いかけていくと思い込んでいる節がある。このような認識もあって、日本人の食生活は「自然に」洋風化したとか、遅れた食生活が経済発展とともに洋風化したのは必然だとか言われることが多いが、そうではない。

研究者も含めて大多数の日本人が信じている「常識」がある。「食料自給率が下がったのは、食生活が急速に洋風化したため、日本の農地では賄い切れなくなったのだからしょうがない」というものだ。この「常識」は間違いである。現象的にはそうだが、それはアメリカの政策の結果だということを忘れてはならない。

アメリカの要請で貿易自由化を進め、輸入に頼り、日本農業を弱体化させる政策を採ったのだ。しかもアメリカは、日本人の食生活をアメリカの農産物に依存する形に誘導・改変した。原因は政策なのだ。

アメリカの余剰農産物の処分場

GHQの日本占領政策の狙いは、日本農業を弱体化させて食料自給率を低下させ、①日本をアメリカの余剰農産物の処分場とすること、②それによって日本人を支配し、③アメリカに刃向かえるような強国にさせないこと、であったとされる。①のためには、日本人がコメの代わりにアメリカ産小麦に依存するようにさせる、洗脳とも言うべき政策が行われた。

日本人の食生活変化の大きな要因はアメリカの占領政策だ。戦後、アメリカは余剰農産物の最終処分場に日本を位置付けた。日本の食料難とアメリカの余剰穀物への対処として、早い段階で実質的に関税撤廃された大豆、とうもろこし（飼料用）や、輸入数量割当制は形式的に残しつつも大量の輸入を受け入れた小麦などの品目では、輸入急増と国内生産の急減で自給率の低下が進んだ。小麦、大豆、とうもろこしの輸入依存度がそれぞれ八五%、九四%、一〇〇%に達する（二〇二二年度）という事態は、アメリカ主導の貿易自由化が日本の耕種農業構造を大きく変えたことを意味する。

「コメを食うとバカになる」という洗脳政策

それだけではない。日本の著名な学者が回し者に使われて、「コメを食うとバカになる」

と主張する本まで書かせ、小麦を食べさせるために「食生活改善」がうたわれる洗脳政策が行われた。日本人の食生活を「改善」してあげようという名目で、アメリカの農産物、食料に依存しないと生きていけない食生活に「改変」させられる洗脳政策だった。

きわめつけは、「子どもたちから変えていくのが早い」という戦略だ。私も、学校給食でアメリカ産小麦のパンと脱脂粉乳にお世話になった。私はパンも脱脂粉乳も苦手で苦労したが、全体としては、これほど短期間に伝統的な食文化を一変させた民族は世界に例がないとさえ言われるほどに、この洗脳政策は成功した。アメリカ産農産物輸入の増大と食生活誘導により、日本人はアメリカの食料への「依存症」になったのだ。

食生活「改善」の名目で食生活を「改変」させられ、余剰農産物の処分場としてグローバル穀物メジャーなどが利益を得るレールの上に乗せられ、日本は食料自給率を低下させてきた。アメリカの農作物に大きく依存することとなると、安全性に懸念がある場合にもそれを拒否できないという形で、量的な安全保障と同時に質的な安全保障も握られる状況になった。日本は一度、アメリカからの輸入小麦に認可されていない遺伝子組み換え小麦が含まれていたとして輸入をストップしたが、アメリカの小麦なしには食生活が成り立たないことが即座にわかり、あっという間に輸入再開をした過去がある。

食料自給率が低くなり、世界情勢の悪化で「いつでもお金を出せば安く食料が輸入できる時代」が終わりを告げている今、日本は食料危機に耐えられるのか、日本の食料安全保障は大丈夫なのか、という懸念が高まっているが、その背景にはアメリカの政策があったのだ。

農林水産省所管の独立行政法人農業環境技術研究所（現、農業・食品産業技術総合研究機構）のウェブマガジン『農業と環境』No. 106（二〇〇九年二月一日）掲載の「水田稲作と土壌肥料学（2）」（小野信一、http://www.naro.affrc.go.jp/archive/niaes/magazine/106/mgzn10605.html、二〇二五年三月二五日アクセス）にも次のように記されている。

「戦後の食料事情が好転し始めた昭和三三（一九五八）年に、その後の農業に大きなダメージを与えることになる一冊の本が出版される。それは、慶応大学医学部教授の林髞（はやしたかし）の著書『頭脳』である。この本は、今でこそ〝迷著〟としてほとんど葬り去られ、探すのにも苦労する。しかし当時は、発売後三年目にして五〇版を重ねるベストセラーとなり、日本の社会へ与えた影響はきわめて大きかったのである」

「林氏は、日本人が欧米人に劣るのは、主食のコメが原因であるとして、……これはせめて子供の主食だけはパンにした方がよいということである。（中略）大人はもう、そういうことで育てられてしまったのであるから、あきらめよう。悪条件がかさなっているのだから、運命とあきらめよう。しかし、せめて子供たちの将来だけは、私どもとちがって、頭脳のよく働く、アメリカ人やソ連人と対等に話のでき

る子供に育ててやるのがほんとうである
と述べている。この記述は、まったく科学的根拠のない暴論と言わざるをえないが、当時は正しい学説として国民に広く受け入れられてしまった」

記事は続けて、コメ食を否定する同期時の大手新聞のコラムを引用し（本書一六〇―一六一頁にも掲載されている）、大学教授の肩書やマスコミの力により一般国民は「すっかり洗脳（マインドコントロール）されてしまった」と結んでいる。

胃袋からの属国化

この当時、日本国内の各地で「洋食推進運動」が実施された。前掲記事は「これらは、まさに欧米型食生活崇拝運動であり、和食排斥運動でもあった」と評している。本書でも詳しく紹介されているように、キッチンカーが全国津々浦々を巡回し、小麦を中心とする「粉食」を説いてまわったのだ。前掲記事は、このころからコメ消費量も食料自給率も低下し始めたとし、「わが国の農業、農政が凋落する始まり」であったと指摘している。

本書でも登場する小麦の対日工作の主役、「小麦のキッシンジャー」ことリチャード・バウム氏（アメリカ西部小麦連合会）らが、厚生省や同省所管の「日本食生活協会」に資金協力してキッチンカーを走らせ、農林省所管「全国食生活改善協会」を通じた製パン業界の育成や、文部省所管「全国学校給食会連合会」を通じた学校給食の農村普及事業も行われた。すべてアメリカのお金で動かされていたのだ。

また、日本の肉食化キャンペーンの仕掛人、クラレンス・パンビー氏（アメリカ飼料穀物協会）らの働きかけを受けて「日本飼料協会」が発足し、飼料産業の育成、アメリカ産飼料を必要とする種鶏の導入、消費者ＰＲなどが展開された。

日本の酪農・畜産はこのおかげで発展できたが、それは、アメリカにとっての余剰とうもろこし・大豆のはけ口になるということでもあった。アメリカの輸入飼料に依存してきたため、現在のような世界的な飼料穀物価格の高騰で窮地に陥るという宿命を負ってしまったのである。

アメリカで農業が盛んなウィスコンシン州のウィスコンシン大学のある教授は、農家の子弟の多く聴講する講義において、次のような発言を行ったという（大江正章『農業という仕事――食と環境を守る』岩波ジュニア新書、二〇〇一年）。

「君たちはアメリカの威信を担っている。アメリカの農産物は政治上の武器だ。だから安くて品質のよいものをたくさんつくりなさい。それが世界をコントロールする道具になる。たとえば東の海の上に浮かんだ小さな国はよく動く。でも、勝手に動かれては不都合だから、その行き先をフィード（引用者注・家畜の飼料のこと）で引っ張れ」

このアメリカの戦略は戦後一貫して実行されてきた。日本は、アメリカによる「胃袋からの属国化」のレールにまんまと乗せられてきたのである。それが具体的にどのように進められたのかを克明、詳細に追ったドキュメントが本書である。「令和のコメ騒動」も含め、今私たちが置かれている危機的な食料・農業事情がどうして出来上がったのかを確認するための必読書である。本書から、日本の食料・農業問題解決の糸口を見出したい。

二〇二五年三月

（すずき・のぶひろ　東京大学特任教授・名誉教授　農業経済学）

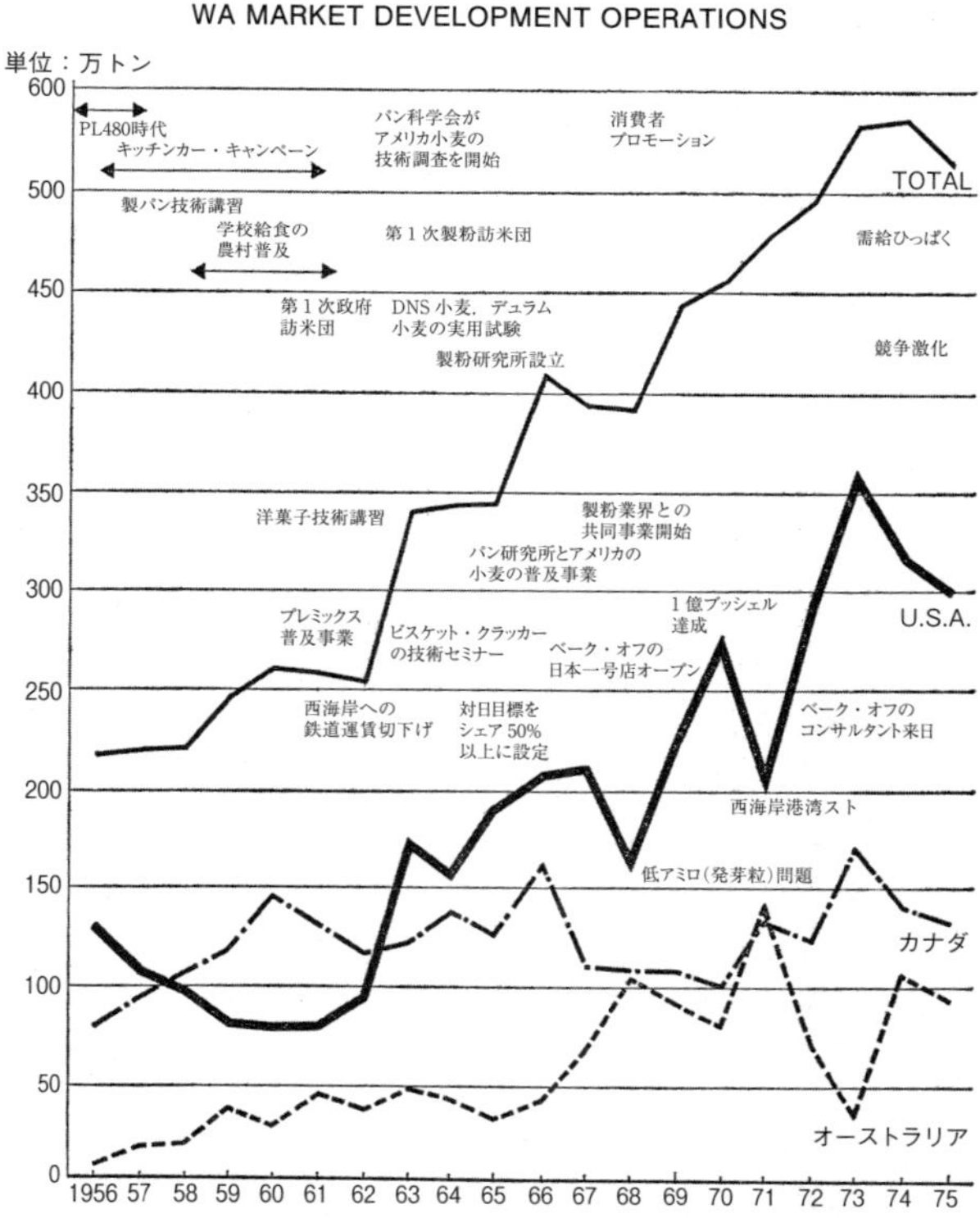

主要３国の対日小麦輸出実績のグラフ

注）1. アメリカ小麦連合会が 20 周年にあたり，対日活動の足どりを図表化したもの。

2. 折れ線は主要三国の対日小麦輸出実績の推移を示す。実施したさまざまな販売作戦が付記されている。

3. ベーク・オフとは，自家製造でパンを販売する小売店のこと。

アメリカの対日小麦輸出開拓事業に関する文書資料

NOT FOR PUBLICATION

Tokyo, Japan
October 27, 1955

Report No. 1 from Pollock and Baum on the Progress in Wheat Market Development

Work in Japan

We arrived in Japan on October 9th. After 18 days, we must report that no major progress has been made in overcoming the only real obstacle to an effective wheat market development program. The difficulty in question is the stubborn attitude of the Japanese Ministry of Agriculture and Forestry who insist they should handle all of the wheat market development projects with almost a free hand.

The attitude of the Ministry is particularly disturbing for the following reasons. First, they have expressed the opinion that the market development work should be carried out entirely by the Japanese Government without assistance or supervision from United States Industry Groups. The impression is given that they would prefer the United States Government to turn the full $2 million worth of yen over to their Ministry, and they in turn would entrust it out to other Ministries, trade groups, and private companies for various lines of work. They ignore the fact that this is United States money to be used for United States purposes in a mutually beneficial manner.

Further, they deliberately took the five projects which we had previously drafted for Japan and which were approved in Washington, rewrote them and indicated their Ministry should be the contracting party to do the work. This action was taken despite the fact that these projects had already been approved by the Ministry of Welfare and Health of the Japanese Government. In addition to these projects, they added 14 more which would require a total expenditure of $1,612,228. Most of the 14 projects were copied from suggestions for market development which Mr. Termohlen obtained from us.

The majority of the 14 projects proposed by this Ministry would be acceptable when worked out in detail. Others, however, appeared designed more to give influence and political control to the Ministry than to promote use of wheat foods.

This brings out what appears to be at the bottom of the attempt of the Ministry of Agriculture and Forestry to dominate the Market Development Program. Mr. Kono, the head of this Ministry, is known as the strongest man politically in Japan. He is described as being completely ruthless and extremely ambitious. It is said by reliable business men that he uses his position continually to grant favors which will result in personal gain to himself and to the Democratic Party. Such a reputation requires extreme care and thorough investigation of every proposal from this Ministry.

In contrast to the Ministry of Agriculture and Forestry, we find a friendly and cooperative reception from the Ministry of Welfare and Health. The Ministry is in charge of the nutrition program in Japan. They have 782 health centers and over 12,000 nutritionists scattered over the 46 prefectures. For the past 10 years, they have promoted a better diet for Japanese families and encouraged the use of more vegetables, fish, wheat, and dairy products.

部外秘

1955年10月27日　東京・日本

〔報告 I〕対日小麦市場開拓作業の進捗状況について

パロックならびにバウムより

10月9日に来日してから18日間が過ぎたが，唯一の障壁がまだ破られない。問題は農林省の頑固さだ。農林省は，小麦の市場開拓をすべて自分たちに任せろと言ってきかない。

こうした事業は日本政府が行なうのが筋で，アメリカの産業団体の監督は無用だと言う。原資200万ドル（7億2,000万円）のすべてを委ねてもらえば，農林省がうまく諸官庁，貿易関係者，業界に配分して運営してやると頑張るのだ。農林省は，この資金がアメリカ政府の金で，アメリカの目的のために双方の利益になるように使われるものだという事実を全く無視している。

そのうえ，われわれがすでに厚生省と話をまとめ，ワシントンの承認まで取りつけてある5つの事業書に対して，農林省はそれを自分たちの所管事業にするよう書き換えてきた。さらに総費用で161万2,228ドルもかかる14の新たな事業項目もつけ加えてきている。そのほとんどは我々がタモーレン駐日アメリカ農務官に提言したものの焼き直しである。

その大半は受け入れてもかまわない内容のものでもあるが，それ以外のものは小麦の市場開拓に役立つというよりは農林省自身の勢力拡大を意図したもののようにみえる。

農林省が市場開拓事業を支配しようと企てるのには底流がある。農林大臣の河野一郎氏は，日本一の政治力を持つ男として知られ，まったく冷酷で，そしてたいへんな野心家であるとの風評が高い。信頼すべき実業家の話によれば，河野氏は自分の地位を利用しては，彼個人のふところや党に入る利得をかせぐのが常であるという。そんな評判もある以上，農林省からの申し出には細心の注意と調査が必要であろう。

これと対照的に，厚生省は実に友好的で協力的である。この省は栄養政策を担当し46都道府県に782の保健所を持ち，1万2,000人の栄養士を動かしている。彼らはこの10年間，食生活改善運動を進め，もっと野菜，魚，小麦，乳製品を食べなさいと指導してきている。このためにポスターやその他の資料も作成している。デモンストレーション用のキッチンカーなる調理バスもすでに試作され，主婦に小麦食品を含んだバランスの良い食事の作り方を教えている。

Excellent posters and other material have been prepared by the Ministry on this subject. A mobile kitchen or demonstration bus has been built to show housewives how to prepare balanced meals including wheat foods.

One of the projects we proposed was to expand the nutritional educational program of the Welfare Ministry by adding 8 buses to their program. The Ministry of Agriculture and Forestry objects to this procedure, however, claiming the buses could better be used through their extension service. The Agriculture Ministry has never had a demonstration bus and has no provision in their budget for such a program.

At our request, a Wheat Promotional Council has been organized in Japan, consisting of industry groups representing the five major lines of wheat processing. These include, the millers, bread bakers, biscuit makers, macaroni makers, and noodle makers. Starting these groups working together is in itself a long step forward.

We have developed two projects which this Wheat Council should logically carry out. One project is for training bakers, while the other project is for a nationwide advertising campaign to promote wheat foods. Once again, the Ministry of Agriculture and Forestry objects to the United States contracting with other groups for market development work. They say they alone should be responsible for these projects and entrust the funds to others. When we ask why, the answer is that their Ministry has responsibility for the food program in Japan through their Food Agency and does not want to risk losing any of its control.

Unfortunately, most of the industry people seem reluctant to oppose the Ministry of Agriculture and Forestry. Only a few appear in favor of contracting with the United States Department of Agriculture directly to carry out projects which they should logically handle.

We are continuing to be diplomatic in our approach to this difficult internal political problem. Numerous meetings have been held and more scheduled with the officials from the various Government Ministries. Many weeks have passed since Mr. Termohlen asked representatives of all the Ministries concerned with Public Law 480 to please get together and decide among themselves who would handle the various projects. It appears now that an agreement among the Japanese Ministries is not possible, unless we can convince the Ministry of Agriculture that they will not be given complete authority over all the market development work in Japan.

Due to the political fight within the Japanese Government, progress on market development has been delayed. We have been occupied, however, in revising projects number 1, 2, and 5 which needed several changes in expenditures to be fully correct, and in rewriting projects 3 and 4, and writing up new projects 6, 7, 8, and 9. Every attempt is being made to write projects which will satisfy the various Japanese Ministries and industry groups involved in this conflict and still do the most effective job of market promotion.

By the 4th of November we should have our projects written and typed. On November 1st, we meet again with the Wheat Promotion Council to receive their proposal for a nationwide advertising campaign. Every effort will be made to have industry groups and individual firms contribute to this project.

われわれの計画の一つは，厚生省の栄養改善運動をこのキッチンカーの供与によって拡大強化しようというものだ。ところが，農林省はこれに異議を唱え，これまで何の実績もないくせに農林省の生活改良普及員組織を活用したほうがもっとうまくやれると主張している。

われわれの要請によって，日本の五大小麦加工産業団体からなる「小麦販売促進協議会」が組織された。ここには，製粉，製パン，ビスケット業者，マカロニ業者，製麺業者が含まれている。

この協議会が担当する事業として，パン職人の研修と小麦食品の全国宣伝キャンペーンを準備してきた。ここでまた農林省が口ばしをはさんだ。アメリカが日本の他の団体と直接に事業契約を結ぶのはまずい，これらの事業の資金委託は自分たちだけが任せられてしかるべきだと言うのである。農林省には食糧庁という部局があり，国民の食糧管理はすべてその管轄下にある。その権限の一部たりとも失う危険は冒したくないという。

不運なことに，産業界の人々はこの農林省に逆らうことにはたいへん臆病である。アメリカの農務省と直接契約を結ぼうとする業界はきわめて少ないのである。

われわれは，この縄ばり争いの問題に対して，外交的アプローチも続けている。駐日アメリカ大使館のタモーレン農務官はＰＬ（公法）480に関係する日本の関係官庁を集めて「あなた方自身で，どの事業をどの省庁が担当するか決めてくれ」と要請した。それからもう何週間もたっている。今となっては，この市場開拓事業の全権限が農林省にあるものではないということを知らしめることができない限り，各省庁間の合意は不可能であると思われる。

日本政府部内の権力争いのためにわれわれの作業は遅れている。だがわれわれは事業書のNo. 1，2，5を予算改定したり，No. 3と4を書き直したり，No. 6，7，8，9については全く新規に書いたりしている。日本側の諸機関に少しでも満足がゆき，計画がより有効なものになって欲しいと願うからである。

11月4日までにはそれらの事業書を書きあげたい。11月1日には，小麦販売促進協議会と再び会って，全国広告キャンペーンに関する提案を受けとる。日本の企業や産業団体からも賛助金をとれるよう最大限の努力を払いたい。

最終草稿ができしだい，関係諸機関に送付して最終的了解をとりつけたいと思う。われわれの提示している事業計画はバランスのとれたものである。厚生省にはすでに了解済の二つの事業，農林省には三つの事業を要請するこ

Once the projects are drafted in final form, we will present them to the Agencies concerned for final approval. We are proposing a well balanced program. The Ministry of Welfare and Health will have two projects to which they have already agreed. The Ministry of Agriculture and Forestry will be asked to carry out three projects, the total expenditure being about the same as for the Welfare Ministry's program. The Agriculture Ministry has not as yet agreed to this procedure or the projects. The Welfare and Agriculture Ministries will be asked to join in one project which both claim as being in their field. The Wheat Promotion Council will be asked to carry out two projects previously mentioned.

We feel this will be an effective, balanced plan of market development if it is approved by the above parties. The total cost of the program if fully approved would come to about $1,000,000. We realize this much money has not been approved for wheat work in Washington by the Foreign Agricultural Service or the budget bureau. The parties concerned over here have been told that the money may not be available in this large amount and that each project has to be approved in Washington on its own merits.

The Ministry of Agriculture and Forestry is the only source of objection in Japan to the program outlined above. We hope to convince them that it is a good plan which we can support in Washington. But first, they are going to have to be convinced that the yen in the Public Law 480 account 104 (a) belongs to the United States and the United States will make the final decision as to how it will be spent. They fail to realize this is United States money being spent in the United States interest and not another loan or gift to Japan.

We think that once the Agriculture Ministry becomes convinced that the United States will go ahead with market development projects and contract with other Ministries and the Wheat Promotional Council, that they may adopt a more reasonable attitude.

It is our recommendation that the United States Department of Agriculture do contract with other groups in Japan for market development work even if we cannot obtain approval of this program from the Ministry of Agriculture. We hope this will not happen, however, since we want to maintain good relationships with the Ministry of Agriculture and Forestry. We further recommend that we have no wheat market promotion program in Japan if it means turning the control of all projects over to the Ministry of Agriculture and Forestry who desire a minimum of administrative supervision from the United States.

ALA-

We should report on the current situation in Japan concerning the importation of Ala. As you may know, Mr. A. C. Hutchison has been representing Fisher Flouring Mills here for several months negotiating with the Japanese Government to import a few tons of Ala to determine its suitability as a basic food in Japan. It appears that Mr. Hutchison has created much interest in this food and a desire on the part of the Ministry of Welfare and Health, The Ministry of Defense, and the Ministry of Justice to try Ala because it is low priced and superior nutritionally to rice.

Here again, however, the opposition to the import of Ala comes from the Food Agency, a division within the Ministry of Agriculture and Forestry. The Food Agency reports that while Ala is superior nutritionally to synthetic rice and cheaper in price, it is not as palatable, so is not needed in Japan as a staple food.

とになろう。予算額は両省ともほぼ同額であるが，農林省はまだ同意していない。両省がともに「それは自分たちの分野だ」と譲らない事業については協同参加を要請することになろう。小麦販売促進協議会には上記の二つの事業をお願いするつもりだ。

こうした諸機関の承認があれば，これらは有効かつバランスのとれた計画案になると思う。総経費は約100万ドル（3億6,000万円）で内容的にも有効でバランスのとれたものだと自負している。

残された障壁は農林省だけだ。何よりも，このＰＬ480にもとづく円資金がアメリカに属するもので，使途を決めるのもアメリカであることをわからせることが先決だ。これは贈与でも借款でもない。

われわれが市場開拓の事業契約を他の官庁や小麦販売促進協議会と断行することを察知したあかつきには，農林省も少しは分別ある態度をとることだろう。

われわれはあえて進言する。アメリカ農務省はよしんば日本の農林省の承認が得られなくても他の団体との事業契約を断行すべきである。万が一，すべてが農林省の支配下に帰すことになれば，それは市場開拓に何ら役立たないことになるであろう。農林省はアメリカの監督権限を少しでも小さくしたいと願っているのである。

アラーについて*

アラーの対日輸出に関して近況を報告しておこう。フィッシャー製粉のハチソン氏はすでに東京に来て数か月になる。この間，彼は日本政府と交渉を重ね，アラーが日本人の主食として適当かどうかを判断するために，まず数トンの試験輸入を許可するよう説得してきた。厚生省とか防衛庁とか法務省の中には，アラーが米より安く，しかも栄養価があるとして興味を抱く人もでている。**

だが，ここでまた食糧庁が異議を唱えた。彼らは，アラーが安価で栄養的にも優れていることを認めながらも，「味がよくない」という一点をとり上げて，日本人の主食にはふさわしくないという。

食糧庁は主食の輸入を全て管理する官庁であり，小麦は主食である。この食糧庁見解は，農林省食糧研究所の桜井博士の試験結果にもとづいているが，桜井博士はアラーを十分に試験していないようだ。

アラーが疎んじられる背景には「人造米」の製造業者の圧力があるらしい。

The Food Agency controls the import of all staple foods into Japan and wheat is a staple food. Actually, the Food Agency bases their report on a letter from a Dr. Sakurai, acting head of the Food Research Institute of the Food Agency. From what we can determine, Dr. Sakurai never fully tested Ala before reporting against it.

It appears that Ala is being barred from Japan for reasons other than its acceptability to the Japanese people. The reason seems to be the opposition from the synthetic rice manufacturers who fear Ala will replace their product which has never proven popular, anyway.

Dr. Sakurai is personally involved, because he is the man who developed synthetic rice, following the short rice crop of 1953. On his advice, the Food Agency approved the manufacture of this product and several members of the Food Agency staff resigned and went into the business of synthetic rice production. They built about 50 plants. The Japanese people, however, did not like synthetic rice. It was too expensive, did not taste like rice, and is a poor food nutritionally. It is interesting to note that the head nutritionist in the Welfare and Health Ministry vigorously opposed the manufacture of synthetic rice which may explain some of the friction between these Ministries.

As soon as it became apparent that synthetic rice was not going to sell on the market, the manufacturers came back to the Food Agency and demanded aid since this Agency was responsible for the development of the product. Also, of course, many former Food Agency people had friends still in this department. Being on the spot, the Food Agency recommended synthetic rice to other Government Ministries and managed to get the Defense Ministry to buy a certain amount for the Armed Forces. At the present time, this is virtually the only market for synthetic rice in Japan.

With this background, it is apparent why Dr. Sakurai and the Food Agency people are opposed to giving Ala any kind of fair trial. A letter was received today from the Food Ministry in which they said in a roundabout way that Ala was not needed in Japan. They were speaking, however, only for the Food Agency and not for the other Agencies of the Japanese Government. Now, we are going to request an opinion from the other Ministries concerned.

Due to the opposition to Ala from the synthetic rice people it may be difficult to obtain approval for bringing the product into Japan. The Food Agency is a division of the Ministry of Agriculture and Forestry.

人造米業者は，人造米がたいして普及もしていないくせに，このアラーにとって代わられては大変だと騒ぎ出したのである。

桜井博士は 1953 年の大凶作の時に，この人造米を開発した当の人物である。彼の進言を受けて，食糧庁は人造米の製造を認可した。そしてその時，何人かの食糧庁退職者が人造米製造会社に天下りをしている。こうした製造工場は全国に 50 もできたが，日本国民は人造米を好まなかった。あまりに高価である上に，米のような味もしなければ栄養価値も乏しい。厚生省のある幹部は人造米の生産に大反対を唱えているほどである。

人造米がどうにも商品にならないことが判明するやいなや，製造業者たちは食糧庁にやってきて援助を要請した。人造米の開発・奨励の責任をとれというのだ。勿論，天下りした元役人はまだ庁内に影響力を持っている。かくして，食糧庁は他の官庁に働きかけ，防衛庁が自衛隊用に一定量を購入する手はずとなった。今のところ，人造米のまとまった市場はここだけである。

こうした背景を話せば，桜井博士や食糧庁がわれわれのアラーを公正に評価しない理由がわかるであろう。今日，われわれが食糧庁から受けとった書簡では，アラーは日本に不必要と遠まわしに述べている。今後も他の関係官庁に働きかけてゆきたいとは考えているが，アラーの輸入を承認させることは困難かもしれない。食糧庁は農林省の一部局にすぎないのだが……。

*　アラーとは，アメリカが開発した小麦粉を原料とする粒状の食品。

**　法務省の関心とは，受刑者用の食糧を意味するものと思われる。

PRELIMENARY - NOT FOR PUBLICATION

Tokyo, Japan
December 2, 1955

Report No. 2 from Pollock and Baum on the Progress in Wheat Market Development Work in Japan

At the time of writing this report, we have left Japan and are returning to the United States. We stayed in Japan for fifty-five days, negotiating with Japanese Government Ministry Officials and representatives of wheat industry trade groups regarding wheat market development projects to be financed largely under Section 104 (a) of Public Law 480.

The Japanese Ministries and trade groups concerned have now approved ten proposed projects which would be operated primarily by Japanese groups and one project to furnish assistance to the United States Attache' for conducting the overall administrative supervision of the program and the accounting of United States funds. While the projects have been approved in detail by the cooperating parties, approval of the wording is now being obtained from the Japanese Foreign Office and the Ministry of Finance.

Obtaining approval of these Ministries may or may not become a serious problem. There was a period when it appeared that complete accord had been reached on all of the projects. On November 30, however, we were informed by officials of the Ministry of Agriculture and Forestry that their Foreign Office had indicated that it might not be legally possible for Japanese Government Ministers to sign the Agreements and projects, at least not as they were now written. A few days previous, the Ministry of Finance had begun to raise questions on the wording of some projects which would require a financial commitment or contribution from the Japanese Government to be a cooperator.

These issues are basically a jurisdicational dispute within the Japanese Government which has arisen because of a lack of coordination among their Ministries in spite of the fact that they were asked to clear all projects within the Government. The reason for the lack of coordination seems to be due to the fact that officials of the Ministry of Agriculture and Forestry were not convinced that they were not going to dominate and direct the spending of all funds for wheat projects until they had gone over our heads and ignored the Agriculture Attache' by writing a letter from Minister Kono to Ambassador Allison. Ambassador Allison answered Mr. Kono's letter by pointing out that this was United States money and we would decide how it should be spent. Furthermore, discussions on market development should be handled by the United States Agricultural Attache'.

After receiving Ambassador Allison's letter, the Ministry of Agriculture officials exhibited a change of attitude. They finally seemed to realize this was United States money and that the United States officials would decide how it was going to be spent. They recognized that Mr. Termohlen was responsible

予備稿　部外秘

1955 年 12 月 2 日　東京・日本

〔報告Ⅱ〕対日小麦市場開拓作業の進捗状況について

この報告は，日本からアメリカに帰る途上で書いている。われわれは日本に 55 日間滞在し，政府官僚や産業団体幹部とＰＬ 480 の 104 条 a 項を主たる財源とする小麦市場開拓事業について折衝を続けてきた。

日本の諸官庁と関連業界団体は，日本側が主体となって行う 10 の提示された事業と，アメリカの駐日農務官によるこれらの事業全体の管理・会計を援助するというもう一つの事業とをついに承認した。これらの事業は日本の協力諸団体と細部まで合意がなされているが，その合意表現については日本の外務当局と大蔵省の承認待ちである。

この承認についてはこんご，深刻な問題となるかもしれないし，ならないかもしれない。一時は，全事業に関して完全な一致をみそうな段階もあった。だが，11 月 30 日になって，農林省がこんなことを言ってきた。外務当局の指摘によれば，すくなくとも今の書式では日本の大臣たちが事業合意書にサインすることが法律上不可能かもしれないというのだ。何日か前に大蔵省は，日本政府が財政面で関与する事業項目についての言いまわしに疑議をはさみはじめていた。

これらの問題は基本的に日本政府内部の管轄権争いであって，われわれが前から省庁間ではっきりさせておくよう要請しておいたにもかかわらず，相互調整が欠けていたために起った問題である。調整不十分であったのは，農林省がこの小麦事業の資金運用を支配できるものではないということになかなか気づかなかったためであると思われる。彼らは，タモーレン駐日農務官を無視しわれわれの頭ごなしに，河野大臣の名で直接アリソン駐日アメリカ大使に手紙を出して初めてそのことを悟ったのだ。アリソン大使は河野大臣への返信で，これはアメリカの金であること，その使い途を決めるのはわれわれであること，そして市場開拓に関する議論はアメリカの駐日農務官の仕事であることを指摘した。

このアリソン大使の手紙を受けとってから，農林省の官僚たちの態度に変化があらわれた。彼らはこの金がアメリカのもので，使い途を決めるのはアメリカ側であることをついに悟ったようだ。そしてタモーレン駐日農務官がこの事業の対日交渉責任者で，われわれがその中で動いていることも認識した。彼らが完全に協力的な態度になったというには早過ぎるが，すくなくと

for negotiations on the projects in Japan and that we were working in accord on the program. While it is too early to say that these Ministry officials have a completely cooperative attitude, at least they seem to have recognized certain lines of authority and responsibility and appear to want a more friendly working relationship.

Evidently, until the Ministry of Agriculture realized that they would not be able to dominate the program, they had made no effort to clear projects with their Foreign Office. As a result, the Foreign Office officials feel slighted and now question whether any Japanese Ministry can sign the Agreements and projects as written. The issue appears to rest on a legal interpretation of wording. The formal documents prepared in Washington before our departure to cover the responsibilities of the cooperating parties to the projects are written as Agreements between the United States Department of Agriculture and the Japanese Ministry concerned. It was the preliminary opinion of some Japanese officials that if these documents were called Memorandums of Understanding or Contracts that Ministries could legally sign them. However, an Agreement was a formal document which had to be negotiated between Governments on a high level and approved by the Diet. The legal decision had not been reached on this point at the time of our departure from Japan.

The issue of the wording of Agreements and projects is a delicate question which is based on the growing awareness that Japan is a free and sovereign Nation whose independence cannot be compromised by the United States. There is also, of course, a strong opposition party which is not friendly to the United States and would seize any opportunity to embarrass the present administration in Japan. For these reasons, it is necessary to carefully consider changes in wording and accept suggestions of Japanese officials where possible as long as the principles of a close supervision of the expenditures of funds under the projects clearly remains with the United States Agriculture Attache'. Such words as inspection, supervision, operating under the direction of, seem to become much stronger when translated into Japanese and are objectionable to the Japanese Government officials when associated with United States authority over them.

We worked until 6:00 o'clock, Friday evening, December 2, making changes in wording which would make the projects more acceptable from a diplomacy standpoint. Projects were rewritten many times. A secretary was utilized full time for three weeks during the drafting and rewriting of the projects and Agreements. Further minor wording changes may be necessary. If so, such requests are to be made by the Japanese in the near future to Mr. Termohlen, who will transmit them on to Washington.

も彼らの権限には一定の限界があることを認識したようだし，前よりも友好的に接してくるようになった。

農林省がこの事業計画を支配できるものではないことを悟るまでは，彼らは明らかに外務当局と調整をはかろうとする努力を何ら払わなかった。その結果，外務当局者は自分たちが軽んじられたと感じており，今の段階になって日本の官庁がこうした事業協定書にサインすることには問題があると言い出しているのだ。問題は用語の法的解釈にあるようだ。われわれが来日前にワシントンで用意した公式文書は，協力団体がこの事業計画に対して持つ責任を明確にさせるために，アメリカ農務省と日本の関係官庁が『協定（Agreement)』の形で締結するように書かれてあった。日本の官僚の何人かが感触として述べていることだが，この文書を『了解覚え書き（Memorandom of Understanding)』あるいは『契約（Contract)』と呼ぶならば，日本の官庁も法的に調印が可能だろうという。『協定』というのは，両国政府が高官レベルで交渉し国会で承認を得なければならない公式文書である。この点についての法的判断はわれわれが離日する段階でついていない。

用語の問題にはデリケートな側面がある。日本国民の間には日本は今や自由な主権国家であり，その独立性はアメリカの意図によって左右されてはならないとする自覚の高まりがある。もちろんのことながら，アメリカに対して友好的でない強力な野党勢力の存在もあって，すきあらば与党政権を揺さぶろうとしている。こうした事情もあるので，資金運用の監督権限をアメリカの駐日農務官が明確に保持するという条件さえつけば，用語表現の変更については慎重に考慮しながらも日本側のアドバイスを可能な範囲内で受け入れる必要があろう。「inspection（監査)」とか「supervision（監視)」とか「under the direction（指図の下で)」などの表現は，日本語に翻訳されると英語の持つ響き以上に刺激的になるようで，アメリカ側が用いると，日本の官僚をいたく反抗的にさせるようである。

12月2日金曜日は夕方6時までかかって，事業書が外交的見地からより受け入れやすくなるように字句を修正する作業をした。事業書は何度も書き直された。事業協定書の草稿作成と修正のために専任の秘書を3週間もフル稼動させた。細かな字句修正はもうすこし必要かもしれない。そのときは，近いうちに日本側からタモーレン駐日農務官に要請がなされ，彼からワシントンに通知してくるであろう。

われわれがワシントンに帰る飛行機の予約をしたときは，この事業について完全な合意が得られたように思われたころであった。出発予定の2日前に

At the time we made our flight reservations to return to Washington, it appeared that complete agreement had been reached on the projects. It was not until two days before our scheduled departure that the issue of the legality of Ministries signing agreements was raised or that certain words were highly objectionable when translated into Japanese. Most, if not all, of the wording changes have been taken care of, and the matter of legality for Ministries to sign has to be decided by the Japanese, so we felt it was not necessary to delay our departure because of these issues.

Another issue which was raised during the last few days in Tokyo, and caused additional rewriting and typing, was the disclosure by officials of Japanese Ministries that while they wanted to supervise and carryout work under market development projects, according to Japanese law, they could not receive or disburse funds outside their official budget. Any funds which were received would have to be deposited in the Government treasury. Therefore, they desired to work through Associations which were directly under their supervision.

The Ministry of Welfare and Health wants to work through the Japan Nutrition Association. The Education Ministry wants to work through the Japan School Lunch Association and the Ministry of Agriculture and Forestry wants to work through the Food Life Improvement Association. From what we could learn, these are all responsible associations which have been operating relatively free from political domination with the possible exception of the Food Life Improvement Association. Another paragraph describes the activities of this group.

In the interest of saving time and expediting the market development program, we had hoped to have all projects signed by the Japanese cooperators before returning to Washington, D. C. However, the memorandum governing market development which came from Washington, dated November 14, 1955, stated that projects must first be approved in Washington before being signed by Foreign Cooperators. Under these instructions, only projects number 1 and number 2 have been signed since they were approved in Washington before we came to Japan in October. One set of these two projects was sent back to Washington with Mr. Wilhelm Anderson about the middle of November. Due to the aforementioned wording changes, however, another set has been retyped and signed.

While we have encouraged the Japanese groups concerned to approve ten projects,

なって，日本の官庁が協定に調印することの合法性の問題や，ある種の用語が日本語に翻訳すると刺激的すぎるという問題が生じてきた。われわれは全部ではないが，ほとんどの修正字句に目を配ってあるし，調印ができるかできないかの問題は日本側が判断しなければならないことである。だからわれわれはこのことのために帰国を遅らせる必要はないと考えた。

この数日間にもう一つの問題が生じ，そのために書き直しやタイプの打ち直しが必要になった。これは日本の官僚が打ち明けてきたことだが，彼らはこの市場開拓事業を管轄したいとしながらも，現行法下では公的予算以外にはどんな資金を受けとることも支払うこともできないという。受け入れた資金はどんなものでも国庫・大蔵省に預けなければならない。それゆえに，彼らは自分たちが直接管轄している外郭団体（Association）を通して活動したいというのだ。

厚生省は日本食生活協会，文部省は日本学校給食会，農林省は全国食生活改善協会を通して活動したいという。われわれが聞き得たところでは，どれもが政治的な支配から比較的自由な責任ある協会であるが，ただ一つ全国食生活改善協会だけは例外にあたるかもしれない。別項でこの団体について言及する。

時間を節約し，市場開拓計画をはかどらせるために，われわれは帰国前に日本側協力団体とすべての事業書について調印したいと考えてきた。しかしながら，11月14日付でワシントンから寄せられた覚え書きには，事業書は相手国側と調印する前にまずワシントンの承認を得なければいけないとのべられてある。この指示に従って，事業項目のⅠとⅡだけは来日前に承認されているので，調印を済ませた。この二つの事業合意書は，11月中旬にウィルヘルム・アンダーソン氏に託してワシントンに届けてもらったが，前述した通り字句修正の必要が生まれたためにあらためて書き直し調印もやり直してある。

われわれは10の事業項目を日本側にすすめるにあたって（その他の一つはアメリカ大使館の農務官オフィスの事業である），どの事業も一つ一つワシントンからの承認を得る必要があるものだと念を押してきた。また，たとえ承認されても，全ての事業に十分な予算がつけられるとはかぎらないとも話してある。

だが，これら11の事業項目は，日本にアメリカ小麦の市場を拡大するにあたって，十分に配慮をつくしたバランスのとれた計画案であるとみるのがわれわれの見解である。この計画を最大限有効なものにするために，すべて

plus one for the Attaches' office, we have made it clear to them that each project would have to be approved individually in Washington, and there might not be enough money available for all projects even when approved.

It is our opinion, however, that these eleven projects propose a comprehensive well balanced program for expanding the market for United States wheat in Japan. For the program to be most effective, all of the projects should be approved. Each project adds to the effectiveness of the other projects. They should be considered as integral parts of a package plan. If funds are not available for all projects, however, then we should like to suggest the priority in which they will be implemented.

◈ ◈

In concluding this section of the report, we should like to make a few comments which would facilitate the preparation of market development projects in foreign countries if adopted as official policy.

First, that foreign governments and industry groups should understand the local currency available under Section 104 (a) belongs to the United States and the Foreign Agricultural Service will determine how the money will be spent in a mutually beneficial manner.

Next, foreign Governments should not be encouraged to submit projects for spending these funds until United States Commodity Marketing Specialist and/or United States industry representatives can study the situation and guide the development of projects in cooperation with the United States Agricultural Attache'.

And third, the United States Agricultural Attache', as the representative of the Foreign Agricultural Service, should clearly be responsible for organizing an advisory committee of foreign government agencies and industry groups concerned to coordinate the various commodity programs under his supervision. Otherwise, a local agency or group will automatically move to set up such a committee under foreign control which will tend to dominate the program and work for pet projects not necessarily in the interest of the United States.

Ala

We have cooperated to the fullest extent with A. C. Hutchison, representative of Fisher Flouring Mills in Japan, to encourage the Japanese Government officials to allow a sample shipment to come into Japan as a staple food for trial purposes. At the time of our departure from Japan, the Food Agency of the Ministry of Agriculture had not changed their position in opposition to Ala as a basic food. Mr. Hutchison has, however, held an Ala luncheon for wives

の事業項目を承認していただきたい。どの事業も他の事業の有効性を補完するものであり，計画全体の歯車とも見なすべきものである。ただし，すべての事業にまわす資金がない場合は，次のような優先順で検討していただきたいと考える。

中略……（本文参照）

報告書のこの項をしめくくるにあたって，外国での市場開拓事業をうまく行うために公式方針として採用すべき留意点を述べておきたい。

第一に，相手国政府と産業団体に対しては，ＰＬ 480 の 104 条 a 項によって得られる原資がアメリカに帰属するものであることと，その金を相互の利益になるようにいかに使うかはアメリカ農務省海外農務局が決定するものであることとを了解させること。

次に，アメリカの農産物マーケティングの専門家か産業界代表者が相手国に駐在する農務官と協力して，その国の事情を把握し事業推進に導くまでは，相手国政府に対してこれらの資金を使う事業計画を提示させないこと。

そして第三点，アメリカの現地農務官は海外農務局の代表者として，明確なる責任をもって相手国の政府機関や関連産業団体からなる諮問委員会を組織し，自らの監視下で種々の農産物計画を調整してゆくこと。さもないと，相手国の機関や団体は，己れの意のままになる委員会を自動的につくりあげ，計画をわがものにし，事業をおもちゃにしてアメリカの利益につながらないことになりがちである。

アラーについて

われわれは，フィッシャー製粉のハチソン氏に全面協力し，日本政府にアラーの試験輸入を認めさせようと働きかけてきたが，食糧庁の拒否姿勢は変わりそうにない。しかし，ハチソン氏は積極的にアラーの試食パーティーを企画し，大臣や次官の夫人，婦人議員，そして主婦連の幹部を招いている。このパーティーは９回も開催され，なかなか好評であったと聞いている。参加したご婦人方は，アラーの値段の安さにことのほか関心を示したようであるが，唯一の難点は「ふすま」が入っていることからくる味覚の問題であった。

of Ministers, Vice Ministers, lady members of the Diet, and members of the All Japan Housewives Association. Nine courses were served and seemed to be well accepted. The women were particularly impressed by the low cost of Ala. The only serious objection was whether or not it was suitable from a palatability standpoint due to the amount of bran.

Hutchison is also working on the possibility of using Ala for Miso, a soybean paste which is made from 60% soybeans and 40% rice. A preliminary test has been made using Ala in place of part or all of the rice and it is reported as a satisfactory replacement. Hutchison expects to have a small order for a trial run of Ala for several of the larger miso plants within the next few days.

Hutchison is optimistic that Ala will be declared in the same category as wheat by the Ministry of Agriculture within the next week. He is counting on support from the Japan Housewives Association, which arranged his latest luncheon on November 28, to convince the Government that Ala is needed in Japan.

Hutchison thinks that if Ala once becomes established in Japan, the Japanese would use it in their homes two or three times a week. At this rate he estimates annual consumption at 2 to 2.5 million metric tons.

We feel Mr. Hutchison is working persistently on this difficult problem but think he still has a strong political opposition to overcome.

Artificial Rice (New Rice)

Representatives of the artificial rice manufacturers association have requested the Foreign Agricultural Service consider a Public Law 480 market development project for their product because they claim it is made from 80% American wheat flour and 20% potato starch. We gave them little encouragement, however, because none of the Government officials with whom we have talked, including the Ministry of Agriculture, feel the Japanese people want this product. There were 150 synthetic rice plants in 1953-54. There are only about 15 such plants left operating. The officials responsible for the nutrition program in Japan strongly oppose artificial rice because of its low nutritional value. The artificial rice manufacturers and their supporters are opposing bringing Ala into Japan.

ハチソン氏はまた，このアラーを「味噌」（原料は大豆6割，米4割）の原料として使えないかと考えている。予備実験を行ない，米の代用原料に使ってみたが，満足すべき結果が得られそうだという。彼は今後数日以内に，味噌の大手メーカー数社から試験醸造用の注文をとれる見通しだと話している。

ハチソン氏は，農林省が来週中にアラーを小麦と同様の扱いにするものと，希望的観測をしている。この11月28日に主婦連幹部を集めてアラー試食会を開いたばかりなので，その支持が得られるものと期待しているからだ。

彼が行なった試算によると，アラーが日本人の主食の一つとして定着したあかつきには，日本人は1週に2～3回は家庭でこれを食べるようになり，年間消費量は200万トンから250万トンにも達することになろうと述べている。

ハチソン氏はよく奮闘していると思うが，彼の前にたちはだかる政治的壁はあまりにも厚いと思われる。

人造米（新しい米）について

人造米製造業界の幹部たちは，アメリカ農務省海外農務局の対日市場開拓事業の中に，彼らの人造米も加えるように要求してきている。人造米の原料として20%のジャガイモでんぷんと80%のアメリカ産小麦粉を使っているからという。だが，われわれはこれを黙殺している。農林省の官僚でさえ，この人造米が国民から喜ばれているとは考えていないからだ。1953年から54年にかけて，人造米工場は150もあった。しかし，今なお操業を続けているのは15程度にすぎない。日本の栄養政策を担当する厚生官僚たちは，栄養価の乏しい人造米の普及に大反対である。そして人造米製造業者やその推進者たちは，アラーの対日導入に大反対なのである。

Position of Japanese Industry Groups in Relation to the Japanese Government

It has been our understanding since we started working on market development projects in the fall of 1954, that the United States desired to conduct Public Law 480 projects where possible with United States and foreign industry groups. For this reason, we encouraged the wheat food industry associations in Japan which represent flour millers, bread bakers, biscuit bakers (crackers), noodle manufacturers, macaroni manufacturers, and dried noodle manufacturers to form a wheat products promotional council to cooperate in promoting increased use of these foods. From the very first, the officials of the Ministry of Agriculture and Forestry opposed this council. They insisted that industry groups were all ready organized in the Food Life Improvement Association. The wheat industry associations mentioned above, however, were not all members of Food Life and some of them were actively opposed to the organization on the grounds that it was dominated by the Ministry of Agriculture and not Deomocratically administered.

We tried in every way to encourage the wheat industry groups to formally organize a strong association which could carryout market development projects under Public Law 480. Due to the pressure and coercion which the Ministry of Agriculture brought to bear upon them, they finally reluctantly agreed to become members of the Food Life Improvement Association and work as a special "Wheat Foods Promotional Committee" which would have primary responsibility for carrying out market development projects.

While it was regrettable from our standpoint, under the circumstances, it appeared necessary for the industry groups to compromise and accede to part of the desires of the Ministry of Agriculture. Otherwise, the Ministry can make it difficult for them to do business since the Ministry controls the purchase and sale of all wheat in Japan and regulates flour prices.

The Food Life Improvement Association, Inc.

The Food Life Improvement Association was organized following the war by the officials of the Ministry of Agriculture and Forestry and several members of the Diet to carry on a program to solve the critical food problem. Mr. Hasumi, former Vice Minister of Agriculture, President of the Central Agriculture Cooperative and a director of the Bank of Japan, was a principal figure in the organization. Actually, the Association moved very slowly and never became organized officially until March of 1954.

Mr. Hasumi was elected President at the first meeting and runs the organization from his office as President of the Central Agriculture Cooperative. The organization received a subsidy this past year of about $4,000 from the Ministry

日本政府に対する日本の産業界の立場について

1954年の秋に市場開拓に関する作業を始めたときから，アメリカはできることなら相手国の産業団体と手を結ぶことによって，ＰＬ480の事業を実施したいと考えてきた。そのため，われわれは日本の小麦食品産業の諸団体（製粉，製パン，ビスケット・クラッカー，製めん，マカロニ，乾めん）に対して，小麦食品の販売促進協議会を結成し協同で小麦の消費拡大にあたろうと働きかけてきた。その当初から農林省の官僚たちはこの協議会に反対であった。彼らは産業諸団体がすでに全国食生活改善協会としてまとめられてあると主張するのだった。だが，ここに列挙した小麦食品産業の諸団体がすべて全国食生活改善協会に参加しているわけではない。むしろ，この協会が農林省に支配されており，運営も民主的でないとの理由から強く対立している団体まであるのだ。

われわれはあらゆる手を尽くして小麦産業諸団体に，ＰＬ480にもとづく市場開拓事業を行う強力で公式の協会を組織するよう働きかけた。しかし，農林省が産業団体に圧力を加えたため，彼らは最終的にしぶしぶながらも全国食生活改善協会のメンバーとなることに同意し，その協会の内部で小麦食品販促小委員会に帰属して市場開拓事業の遂行を主に担当することになったのである。

このことはわれわれから見れば悔やまれることだが，現況下では産業団体が農林省の意向に幾分かは妥協するのもやむをえないことのようであった。農林省が国内のすべての小麦の販売と購入を支配し，小麦粉の価格も決めている以上，農林省はサジかげん一つで産業団体のビジネスを困難に追いこむこともできるのである。

財団法人全国食生活改善協会について

全国食生活改善協会は戦後の危機的な食糧問題を解決するなめに，農林省の官僚たちといく人かの国会議員によって組織された。前の農林事務次官で全国農協中央会会長，そして日銀の政策委員でもある荷見安（はすみやすし）氏がこの組織の顔役である。この協会はなかなか動き出さず，実際のところ正式に組織されたのは1954年の3月であった。

組織後の最初の会合で荷見氏は会長に選ばれた。現在彼は全国農協中央会の会長室からこの協会を指揮している。この協会は去年約4,000ドルの補助

of Agriculture. The Association has about 50 members from all kinds of food industries. They have a board of directors which seldom meets. In fact, the Association has not been too active to date. Most of the decisions seem to be made by Mr. Hasumi.

The Ministry of Health and Welfare opposed the formation of the Food Life Improvement Association because the real power behind the organization is the Japanese farmers cooperatives. For that reason, the Association tends to promote Japanese farm products, including rice, regardless of the nutritional needs of the Japanese people.

While the Association is not political, and Mr. Hasumi is an influential and respected man in Japan, the ties with the farmers cooperatives and the Ministry of Agriculture make the organization vulnerable to the pressures of politics. Mrs. Oku, a member of the upper house of the Diet and President of the all Japan Housewives Association, is a member of the board of managers of Food Life Improvement. However, she said that any money for market development which was handled by Food Life Improvement would need to be closely administered or it would find its way back to the Ministry of Agriculture.

This brief background explains why we have opposed having the Food Life Improvement Association handle market development projects for industry programs without having a special "Wheat Foods Promotional Committee" set up within the Food Life Association composed of the six wheat industry groups, which attempted to set up an independent Wheat Foods Promotional Council.

金を農林省から受けている。協会にはすべての食品産業界から約50の団体が参加している。理事会はめったに開かれたことがない。事実上，この協会は今日までとりたてて活動らしきものをしていない。決裁はほとんど荷見氏によってなされているようである。

厚生省は全国食生活改善協会の設立には反対であった。この組織の背後には農協があるからと言うのである。事実，この協会は米を含む国産の農産物の販売促進に傾きがちで，国民の健康問題を軽視するきらいがある。

協会そのものは政治的団体ではないし，荷見氏も尊敬を集める有力者ではあるが，農協組織や農林省とのつながりがある以上，政治的な圧力を受けやすい体質を持っている。参議院議員で主婦連の会長でもある奥むめお氏がこの協会の経営陣の一人である。だが，彼女でさえ，この協会が市場開拓に使う金は厳重に管理しないと，農林省側に流れてしまうと話している。

背景を簡単に述べたが，このことからわれわれが，特別の「小麦食品販促小委員会」（独立した小麦食品販促協議会の設立を当初は企てていた6つの団体から成る）を全国食生活改善協会の内部におくことなしには，この協会に市場開拓事業を任せられないと強硬に主張した理由がおわかりいただけるであろう。

Japan—Oregon's Best Market

A new program takes time to get underway. It was almost a year after P. L. 480 was passed before Japan signed an agreement on April 27, 1955 to purchase $85 million worth of farm products from the U. S., including 13 million bushels of wheat.

Japan is traditionally a rice eating nation. For health and economic reasons, however, the Japanese Government and Japanese Nutritionists desire to increase the use of wheat foods. Since the end of World War II, per capita consumption of wheat foods have increased from 36 to 92 pounds. Japan is currently the largest single market for Pacific Northwest wheat. During the 1955 calendar year, more than 40 million bushels of wheat were shipped to Japan from Oregon and Washington ports.

Under this first agreement, $2 million worth of Japanese yen was set aside for promoting increased use of U. S. commodities in Japan. In the fall of 1955, Eral Pollock and Dick Baum returned to Tokyo to complete plans for using a part of these funds for developing the market for wheat. Approval of the projects was required by both the Japanese and the U. S. Governments, necessitating further delays. On April 26, 1956, however, the Oregon Wheat Growers League signed a contract with the Foreign Agricultural Service, U. S. D. A., to conduct a $400,000 wheat promotional campaign in Japan.

Dick Baum left immediately for Tokyo to initiate the wheat projects. On May 18, 1956, a contract was signed with the Japan Nutrition Association to carry out two projects costing $190,000. One week later, a similar agreement was signed with the Food Life Improvement Association for two more projects pledging an additional $170,000 to promote increased use of wheat foods by the Japanese people.

The four projects which have been signed are designed to increase consumption of wheat foods in general. This is necessary because the Japanese have eaten mostly rice and fish for hundreds of years. In fact, in Japan the word "food" means rice. For this reason, housewives have to be shown how to use wheat products, and be convinced that they are better for health while inexpensive to buy.

One project, with the Japan Nutrition Association, will provide for the purchase of buses equipped as mobile kitchens. Home economists will travel to the villages and urban areas showing the housewives how to prepare bargain wheat meals to fit into present food habits. Most Japanese kitchens are inadequately furnished for preparing western style meals . . . lacking ovens . . . and usually with only one or two gas burners for heating pots in which food is either boiled or fried. Under the second project with this same association, quantity preparations of posters, pamphlets, circulars, filmstrips and other publicity material will be distributed to encourage the young and old alike to eat a balanced diet including wheat foods.

Bread has been baked in Japan on a small scale for at least the past hundred years. Many children

日本——オレゴン最良の市場

（オレゴン小麦栽培者連盟の活動報告書
〈1954 年 7 月 1 日〜56 年 6 月 30 日〉より）

新しい計画を進めるのは時間のかかるものである。日本が 35 万トンの小麦を含めて 8,500 万ドル（306 億円）相当のアメリカ農産物を購入するという 1955 年 4 月 27 日の日米余剰農産物協定に調印したのは，ＰＬ 480 が成立してからほぼ 1 年後であった。

日本は伝統的な米食民族である。だが，健康上と経済上の理由から，日本国政府と日本の栄養学者たちは小麦食品の消費をふやすことをねがっている。第二次大戦の終了以来，日本人一人当りの小麦消費量は 36 ポンド（約 16 キロ）から 92 ポンドに伸びた。日本は現在アメリカの太平洋岸北西部地帯の小麦にとって最大の市場である。1955 年には，100 万トン以上の小麦がオレゴン州とワシントン州の港から日本に積み出された。

この第一次余剰農産物協定によって，200 万ドル相当の日本円（7 億 2,000 万円）が日本でアメリカ農産物を販売促進する原資として使えることになった。1955 年の秋，アール・パロック（農務省）とリチャード・バウム（オレゴン小麦栽培者連盟）は再び日本を訪れ，この資金の一部を使って行なうアメリカ小麦の市場開拓計画を固めることになった。日米双方の政府がこの事業案を承認する必要があって実施は遅れたが，1956 年 4 月 26 日，オレゴン小麦栽培者連盟は日本で 40 万ドルの小麦販促キャンペーンを行なう事業契約をアメリカ農務省海外農務局との間にとりかわした。

リチャード・バウムは即座に東京に飛び事業を開始した。1956 年 5 月 18 日，二つの栄養改善事業を 19 万ドルで日本食生活協会と契約した。1 週間後には，さらに 17 万ドルで二つの小麦消費拡大事業について全国食生活改善協会と契約した。

すでに契約の済んだ四事業は小麦食品全般の消費拡大を狙ったものである。日本人は何百年もの間，米と魚を主に食べてきたので，こうした事業が必要なのである。事実，日本では食事を米（メシ）と呼ぶ。このため，主婦たちにどうやって小麦製品を使うのかを教え，いかに小麦食品が安価で健康に良いものかを確信させなければならない。

日本食生活協会と契約した事業はキッチンカーのキャンペーンと，それに必要なパンフレット類の印刷配布である。

日本ではパンが小規模ながらも製造されるようになって，優に 100 年は経

throughout Japan have nevertheless never eaten bread due to prohibitive prices or lack of availability. Thousands of communities have no bakery and transportation is often very inadequate from baking centers such as Tokyo. In light of this situation, the first project with the Food Life Improvement Association is to train bakers from all 46 prefectures throughout Japan. Perfectures are similar to our states. This bakers training program will stress methods of improving quality of bakery products.

The second project with this same association is a program dealing with the training of extension agents who in turn will then work throughout the prefectures teaching the Japanese farmers the importance of balanced diets and the necessity of including wheat foods in the diet. The agricultural segment of Japan now equals 45 per cent of the nation's population. Usually they are the poorest fed portion of the nation because they try to sell as much as possible from their tiny two and three-acre farms, keeping barely enough food to get by. Also, due to their extremely low income level they fail to buy "off farm" foods to vary their diet.

With the signing of the contracts, it became apparent that the League could not effectively administer the operation of as large a program as is now started from a desk in Pendleton. A Wheat League control office was established in Tokyo. In addition to the projects already under way, there is need for expansion of work in the school lunch program. These programs through the schools appear to be excellent ways to teach children about wheat foods. Also, another activity that could prove very helpful to Oregon growers is a project calling for training of bakery instructors in the U. S. with special emphasis on the use of flours made from soft, western wheats. Canada has been conducting a program such as this for years.

Another possible project has to do with an advertising campaign. Japanese bread bakers, biscuit makers, wet and dry noodle makers, and macaroni processors are all asking for help to advertise their products. Finally, a proper promotional plan needs to be developed for ALA. These activities alone could involve the supervision of expenditures amounting to $600,000 . . . which, added to the $400,000 program already started, could mean that the Commission and League, in cooperation with the Foreign Agricultural Service, U. S. D. A., would have a million dollar campaign in Japan alone.

過している。だが，日本国中の子供たちはパンがとてつもなく高価であり，また手近に売られていないためにまだ一度も食べたことがないものが多い。何千もの町村では一つのパン屋もなく，しかも東京のようなパン製造中心地からも輸送されてこない。そこで，全国食生活改善協会と契約して，全国46都道府県からパン職人を集めて訓練することになった。

この協会と契約したもう一つの事業は，全国の生活改良普及員を訓練して，各地の農民たちにバランスのとれた食事と小麦をとり入れた食事の必要性を教えさせることであった。現在，日本の農業人口は全体の45%を占めている。農民たちは2～3エーカー（約1ヘクタール）のちっぽけな田畑でとれたものから最低限の食いぶちだけを残してほとんどを売りつくしてしまうために最も貧しい食生活をおくっている。しかも，極度に所得水準が低いために，自家食料以外のものを購入して食卓に変化をあたえることもできないのである。

こうした事業契約に調印する段階となっては，ペンドルトンの事務所だけでは事業全体の管理運営ができなくなるのは明白であった。そこで当連盟では東京に出先を置くことにした。現在進行中の四事業に加えて，学校給食の拡大も必要になっている。学校は子供たちに小麦食品を教える最高の場所と思われる。また，アメリカから製パン技術講師を派遣し，オレゴンの軟質小麦の使用に力点を置いた講習を行わせる活動も有効であろう。カナダはこのような事業を何年も行っている。

もう一つ可能な事業は広告キャンペーンに関するものである。日本の製パン，製めんなどの小麦食品産業は彼らの製品を広告するための資金援助を求めてきている。最後に，アラーについても何らかの販売促進計画を練る必要があろう。こうした新規事業に必要な経費は総額で60万ドルに及び，すでに始まった40万ドルの事業と合わせるならば，当連盟はアメリカ農務省海外農務局と協力して日本一国だけに合計100万ドルもの小麦キャンペーンを実施することになるのである。

Oregon Wheat Sales To Continue To Japan

"Japan will continue to be an important market for Oregon wheat". This is the latest word received from Joe Spiruta, Far East Representative of the Oregon Wheat Growers League, in Tokyo.

The reported decision of the new Japanese cabinet to switch from U.S. wheat to Australian wheat is not true. The Japanese are considering increasing purchases from Australia in an effort to obtain a "favored nation" trade status with that country which would increase the export of Japanese manufactured goods. The amount of wheat to be imported from Australia is not certain, but reported to be approximately seven million bushels.

During the 1956 Japanese fiscal year, which ends March 31, 1957, Japan will have imported about 81.6 million bushels of wheat. About 44.5 million bushels will have been purchased from the United States, about 30.3 million bushels from Canada, 4.9 million bushels from Australia, and the remainder from Argentina.

For fiscal 1957, it is estimated Japan will import 80.7 million bushels of wheat. This figure may be reduced somewhat due to the large rice crops which Japan has harvested the last two years. If this much wheat is imported, however, Canada would probably sell Japan about 30 million bushels of hard wheat, Australian sales might increase to about 12 million bushels of soft wheat and the remaining 38 million bushels would be divided among other soft wheat countries with the U.S. being the major source.

The new Japanese cabinet has decided not to sign a third Public Law 480 agreement with the U.S. in 1957. This means that all sales from the U.S. will be paid for in dollars. During the past two years under P. L. 480 programs, Japan purchased about 30 million bushels of wheat from the U.S. for local currency and 57 million bushels for dollars. On this basis, it is estimated that without a P. L. 480 program Japan would purchase about 26 million bushels of wheat from the Pacific Northwest during 1957.

Further Explanation About Japan - *Editorial*

There have been misleading reports widely circulated during the past few months to the effect

オレゴンの対日小麦輸出続行

（オレゴン農民新聞『小麦畑』1957年3月号より）

「日本はオレゴン州の小麦の重要な市場であり続けるであろう」。これは東京駐在のオレゴン小麦栽培者連盟極東代表であるジョー・スピルータから届いた最新の手紙の一節である。

日本の新内閣（石橋政権）が小麦の輸入をアメリカから豪州に切り換えると決定したように報じられているが，これは真実ではない。日本は豪州向けの工業製品の輸出を増やすために貿易の「最恵国待遇」を得る手段として，豪州からの小麦輸入をふやすことを検討しているのである。その輸入量はたしかではないが，700万ブッシェル（19万トン）程度と伝えられている。

1956年度に日本は8,160万ブッシェルの小麦を輸入することになろう。その内訳はアメリカ4,450万ブッシェル，カナダ3,030万ブッシェル，豪州490万ブッシェル，アルゼンチン190万ブッシェルである。

来年度は8,070万ブッシェルの小麦輸入が見積られている。ここ2年間，日本では米の豊作が続いているので，この数字が多少は少なくなるかもしれない。だが，見積り通りとすると，カナダは3,000万ブッシェルの硬質小麦を売り，豪州は1,200万ブッシェルまで軟質小麦の販売を伸ばし，残りの3,800万ブッシェルを主にアメリカの軟質小麦が受け持つことになろう。

日本の新内閣は，1957年にはアメリカと第三次のＰＬ480協定（余剰農産物受け入れ協定）を結ばない旨決定したと表明した。このことは日本の輸入がすべてドルで支払われるようになることを意味する。ＰＬ480協定下にあったこの2年間，日本はアメリカから円で3,000万ブッシェル，ドルで5,700万ブッシェルの小麦を買った。このベースでゆけば，ＰＬ480協定が切れると日本はアメリカの太平洋岸北西部から1957年は2,600万ブッシェルの小麦を買いつける見込みとなる。

日本についてもう少し説明しよう――社説

ここ数か月の間に，日本はアメリカ太平洋岸北西部からの小麦輸入をストップして代りに豪州から買おうとしているという，誤解を招く報道が広く流布されている。巻頭記事ですでにこれが真実でないことを指摘してあるように，日本は豪州からの追加輸入を検討してはいるが，その量はアメリカからの大量輸入の継続を阻止するほどのものではない。

that Japan was going to stop importing wheat from the Pacific Northwest and buy instead from Australia. The article on page one points out that these statements did not accurately describe the situation. Japan is considering additional imports from Australia but the amounts while significant do not prevent continuation of large purchases from the United States.

There has been considerable confusion regarding the fact that the Japanese cabinet which was elected during December of 1956 made a rather sensational announcement that they would not sign a third P. L. 480 agreement with the U.S. in 1957. Apparently this was done for political reasons, because it had previously been agreed by officials of both governments that it was not desirable to sign a third P. L. 480 agreement this year because the second agreement was signed so late in 1956 that deliveries would carry over well into 1957. A joint announcement was supposed to have been released by the U.S. Department of Agriculture and the Japanese Ministry of Agriculture and Forestry but the Japanese "jumped the gun", resulting in giving the impression that it was all the idea of the Japanese and meant a pulling away from U.S. purchases.

If the Japanese had decided to stop buying wheat from the U.S., it would make the League's program, currently underway in Japan, of questionable value. This program is of a long range nature, however, and should not be affected by decisions of one Japanese cabinet since their term of office is temporary and the next cabinet might reverse the previous import policy.

Three New Projects Proposed

At the present time, the League is requesting funds from the Foreign Agricultural Service, U. S.-D. A., for additional projects in Japan. One project would expand the school lunch program which uses wheat flour; another would assist the Japanese wheat food industry associations in a nation-wide advertising campaign featuring bread, noodles, biscuits (cookies), and macaroni; and the third would provide for an exchange of U.S. and Japanese industry representatives and specialists. These projects would cost about $361,000 in Japanese currency which is available under P. L. 480. The League would be obligated to spend about $19,900 in administering the projects over a one year period.

1956年の12月に発足した石橋新内閣が1957年には第三次の余剰農産物協定を結ぶつもりはないと，いくらかセンセーショナルに発表したことからかなりの混乱が生じたようである。この発表が政治的な理由でなされたものであることは明白である。なぜなら，第二次協定の締結が1956年の後半に遅れたために，その実際の販売は1957年に持ち越されることになったという事情があるのだから，当然今年は第三次の協定を結ばない方がいいのである。このことは日米双方の当局も事前に合意していたことであり，本来ならアメリカ農務省と日本の農林省とが同時に共同発表することになっていたのだが，日本側が先を越してしまった。そのために，まるで日本がアメリカからもう買うつもりはないかのような印象をあたえてしまったのである。

もしも日本がアメリカから小麦を買うことをやめると決定したというのなら，現在当連盟が日本で進めている市場開拓計画は意味のないものになってしまう。元来この計画は長期的視野にたったものであり，日本の一つの内閣の考えに左右されてはならないものなのである。内閣の任期は一時的なものであって，次の政権が前の輸入方針をくつがえすこともあり得るのである。*

三つの新事業案を提示

現在当連盟では，日本での追加事業に対する資金手当を農務省海外農務局に申請中である。一つは小麦粉を使った学校給食を拡大する事業。もう一つは日本の小麦食品産業界がパン，めん類，ビスケットなどの全国広告キャンペーンを行うことを援助する事業。第三は日米間で産業界代表を人事交流させるものである。これらの事業に要する費用はおよそ36万1,000ドル（1億3,000万円）で，ＰＬ480資金である。当連盟もこの事業の管理運営のために年間1万9,900ドルの出費が必要になるであろう。

* 日本政府がアメリカからの小麦輸入をストップするというのは全くの誤報であるが，余剰農産物協定を第二次限りでやめるというのは真実であった。いずれにせよ，当時のオレゴン農民が日本政府の決定に一喜一憂していた様がよくうかがわれる。—著者

図版出典一覧

図 1　『アメリカ小麦』59 号，アメリカ小麦連合会，1976 年
図 2　著者撮影
図 3　著者撮影
図 4　『アメリカ小麦』59 号
図 5　『栄養指導車のあゆみ』財団法人日本食生活協会，1961 年
図 6　NHK「食卓のかげの星条旗」取材班撮影
図 7　『栄養指導車のあゆみ』
図 8　『アメリカ小麦連合会 20 年のあゆみ』アメリカ小麦連合会，1976 年
図 9　全日本パン協同組合連合会提供
図 10　日本学校給食会提供
図 11　『栄養指導車のあゆみ』
図 12　アメリカ小麦連合会提供
図 13　『アメリカ小麦』59 号
図 14　『栄養指導車のあゆみ』
図 15　『アメリカ小麦』48 号，1974 年
図 16　アメリカ小麦連合会パンフレット「The Story of Western Wheat in Asia...」発行年不明
図 17　アメリカ小麦連合会提供
図 18　『飼料』1962 年 7 月号，日本飼料協会
図 19　著者所蔵
図 20　共同通信社提供
図 21　『飼料』1962 年 6 月号
図 22　著者所蔵
図 23　『飼料』1963 年 1 月号
図 24　所秀雄『生命の在処』メタ・ブレーン，2005 年
図 24　『養鶏之日本』1965 年 8 月号，養鶏之日本社
図 25　『養鶏之日本』1966 年 5 月号

本書は、一九七九年十二月一日、家の光協会より刊行された。

文庫化にあたって原題『日本侵攻　アメリカ小麦戦略』を改題し、増補・改訂を行った。

図説 和菓子の歴史　青木直己

饅頭、羊羹、金平糖にカステラ、その時々の外国文化の影響を受けながら多種多様に発展した和菓子。その歴史を多数の図版とともに平易に解説。

改訂増補 バテレン追放令　安野眞幸

西欧のキリスト教宣教師たちは、日本史上にいかなる反作用を生み出したか。教会領長崎での事件と秀吉による「バテレン追放令」から明らかにする。

今昔東海道独案内 東篇　今井金吾

いにしえから庶民が辿ってきた幹線道路・東海道。日本人の歴史を、著者が自分の足で辿りなおした名著。東篇は日本橋より浜松まで。（今尾恵介）

居酒屋の誕生　飯野亮一

寛延年間の江戸に誕生しすぐに大発展を遂げた居酒屋。しかしなぜ他の都市ではなく江戸だったのか。一次資料を丹念にひもとき、その誕生の謎にせまる。

すし 天ぷら 蕎麦 うなぎ　飯野亮一

二八蕎麦の二八とは？　握りずしの元祖は？　なぜうなぎに山椒？　膨大な一次史料を渉猟しそんな疑問を徹底解明。これを読まずに食文化は語れない！

天丼 かつ丼 牛丼 うな丼 親子丼　飯野亮一

身分制の廃止で作ることが可能になった親子丼、関東大震災が広めた牛丼等々、どんぶり物二百年の歴史をさかのぼり、驚きの誕生ドラマをひもとく！

晩酌の誕生　飯野亮一

はじめて明らかにされる家飲みの歴史。いつ頃から始まったのか？　飲まれていた酒は？　つまみは？　著者独自の酒の肴にもなる学術書、第四弾！

増補 アジア主義を問いなおす　井上寿一

侵略を正当化するレトリックか、それとも真の共存共栄をめざした理想か。アジア主義を外交史的観点から再考し、その今日的意義を問う。増補決定版。

歴史学研究法　今井登志喜

「歴史学とは何か」について「古典的歴史学方法論」の論点を的確にまとめる。方法の実践例として、「塩尻峠の合戦」を取り上げる。（松沢裕作）

ヨーロッパとイスラーム世界

R・W・サザン
鈴木利章 訳

〈無知〉から〈洞察〉へ。キリスト教文明とイスラーム文明との関係を西洋中世にまで遡って考察し、読者に歴史的見通しを与える名講義。（山本芳久）

消費社会の誕生

ジョオン・サースク
三好洋子 訳

グローバル経済は近世イギリスの新規起業が生み出した！　産業が多様化し雇用と消費が拡大する産業革命前夜を活写した名著を文庫化。（山本浩司）

図説　探検地図の歴史

R・A・スケルトン
増田義郎／信岡奈生訳

世界はいかに〈発見〉されていったか。人類の知が全地球を覆っていく地理的発見の歴史を、時代ごとの地図に沿って描き出す。貴重図版二〇〇点以上。

レストランの誕生

レベッカ・L・スパング
小林正巳 訳

革命期、突如パリに現れたレストラン。なぜ生まれ、なぜ人気のスポットとなったのか？　その秘密を膨大な史料から複合的に描き出す。（関口涼子）

ブラッドランド(上)

ティモシー・スナイダー
布施由紀子訳

ウクライナ、ポーランド、ベラルーシ、バルト三国。西側諸国とロシアに挟まれた地で起こった未曾有の惨劇。知られざる歴史を暴く世界的ベストセラー。

ブラッドランド(下)

ティモシー・スナイダー
布施由紀子訳

民間人死者一四〇〇万。その事実は冷戦下で隠蔽され、さらなる悲劇をもたらした――。圧倒的讃辞を集めた大著、新版あとがきを付して待望の文庫化。

奴隷制の歴史

ブレンダ・E・スティーヴンソン
所康弘 訳

全世界に満遍なく存在する奴隷制。その制度のもっとも嫌悪すべき頂点となったアメリカ合衆国の奴隷制を中心に、非人間的な狂気の歴史を綴る。

同時代史

タキトゥス
國原吉之助訳

古代ローマの暴帝ネロ自殺のあと内乱が勃発。絡みあう人間ドラマ、陰謀、凄まじい政争を、臨場感あふれる鮮やかな描写で展開した大古典。（本村凌二）

明の太祖　朱元璋

檀上寛

貧農から皇帝に上り詰め、巨大な専制国家の樹立に成功した朱元璋。十四世紀の中国の社会状況を読み解きながら、元璋を皇帝に導いたカギを探る。

ディスコルシ
ニッコロ・マキァヴェッリ
永井三明 訳
ローマ帝国はなぜあれほどまでに繁栄しえたのか。その鍵は〝ヴィルトゥ〟。パワー・ポリティクスの教祖が、したたかに歴史を解読する。

戦争の技術
ニッコロ・マキァヴェッリ
服部文彦 訳
出版されるや否や各国語に翻訳された最強にして安全な軍隊の作り方。この理念により創設された新生フィレンツェ軍は一五〇九年、ピサを奪回する。

マクニール世界史講義
ウィリアム・H・マクニール
北川知子 訳
ベストセラー『世界史』の著者が人類の歴史を読み解くための三つの視点を易しく語る白熱の入門講義。本物の歴史感覚を学べます。文庫オリジナル。

古代ローマ旅行ガイド
フィリップ・マティザック
安原和見 訳
タイムスリップして古代ローマを訪れるなら？　そんな想定で作られた前代未聞のトラベル・ガイド。必見の名所・娯楽ほか情報満載。カラー頁多数。

古代アテネ旅行ガイド
フィリップ・マティザック
安原和見 訳
古代ギリシャに旅行できるなら何を観て何を食べる？　そうだソクラテスにも会ってみよう！　神殿等の名所・娯楽ほか現地情報満載。カラー図版多数。

古代ローマ帝国軍非公式マニュアル
フィリップ・マティザック
安原和見 訳
帝国は諸君を必要としている！　ローマ軍兵士として必要な武器、戦闘訓練、敵の攻略法等々、超実践的な詳細ガイド。血沸き肉躍るカラー図版多数。

世界市場の形成
松井透
世界システム論のウォーラーステイン、グローバルヒストリーのポメランツに先んじて、各世界が接続される過程を描いた歴史的名著を文庫化。（秋田茂）

甘さと権力
シドニー・W・ミンツ
川北稔／和田光弘 訳
砂糖は産業革命の原動力となり、その甘さは人々のアイデンティティや社会構造をも変えていった。モノから見る世界史の名著をついに文庫化。（川北稔）

スパイス戦争
ジャイルズ・ミルトン
松浦伶 訳
大航海時代のインドネシア、バンダ諸島。欧州では黄金より高価な香辛料ナツメグを巡り、英・蘭の男たちが血みどろの戦いを繰り広げる。（松園伸）

ちくま学芸文庫

米《こめ》と小《こ》麦《むぎ》の戦《せん》後《ご》史《し》
日《に》本《ほん》の食《しょく》はなぜ変《か》わったのか

二〇二五年五月十日　第一刷発行

著　者　高嶋光雪（たかしま・てるゆき）
発行者　増田健史
発行所　株式会社　筑摩書房
東京都台東区蔵前二―五―三　〒一一一―八七五五
電話番号　〇三―五六八七―二六〇一（代表）
装幀者　安野光雅
印刷所　信每書籍印刷株式会社
製本所　株式会社積信堂

ISBN978-4-480-51303-8 C0136